植 | 物 | 造 | 景 | 丛 | 书

藤蔓植物景观

周厚高　主编

江苏凤凰科学技术出版社

图书在版编目（CIP）数据

藤蔓植物景观 / 周厚高主编. -- 南京 : 江苏凤凰科学技术出版社, 2019.5
（植物造景丛书）
ISBN 978-7-5713-0233-7

Ⅰ. ①藤… Ⅱ. ①周… Ⅲ. ①攀缘植物－景观设计 Ⅳ. ① TU986.2

中国版本图书馆 CIP 数据核字 (2019) 第 059691 号

植物造景丛书——藤蔓植物景观

主　　编　周厚高
项目策划　凤凰空间／段建姣
责任编辑　刘屹立　赵　研
特约编辑　段建姣

出版发行　江苏凤凰科学技术出版社
出版社地址　南京市湖南路1号A楼，邮编：210009
出版社网址　http：//www.pspress.cn
总　经　销　天津凤凰空间文化传媒有限公司
总经销网址　http：//www.ifengspace.cn
印　　刷　北京博海升彩色印刷有限公司

开　　本　710 mm×1000 mm　1／16
印　　张　12
字　　数　230000
版　　次　2019年5月第1版
印　　次　2019年5月第1次印刷

标准书号　ISBN 978-7-5713-0233-7
定　　价　88.00元

前言 Preface

中国植物资源丰富，园林植物种类繁多，早有“世界园林之母”的美称。中国园林植物文化历史悠久，历朝历代均有经典著作，如西晋嵇含的《南方草木状》、唐朝王庆芳的《庭院草木疏》、宋朝陈景沂的《全芳备祖》、明朝王象晋的《群芳谱》、清朝汪灏的《广群芳谱》、民国黄氏的《花经》、近年陈俊愉等的《中国花经》等，这些著作系统而全面地记载了我国不同时期的园林植物概况。

改革开放后，我国园林植物种类不断增多，物种多样性越发丰富，有关园林植物的著作也很多，但大多数著作偏重于植物介绍，忽视了对植物造景功能的阐述。随着我国园林事业的快速发展，植物造景的技术和艺术得到了较大进步，学术界、产业界和教育界的学者及工程技术人员、园林设计师和相关专业师生对植物造景的知识需求十分迫切。因此，我们主编了这套“植物造景丛书”，旨在综合阐述园林植物种类知识和植物造景艺术，着重介绍中国现代主要园林植物景观特色及造景应用。

本丛书按照园林植物的特性和造景功能分为八个分册，内容包括水体植物景观、绿篱植物景观、花境植物景观、阴地植物景观、地被植物景观、行道植物景观、芳香植物景观、藤蔓植物景观。

本丛书图文并茂，采用大量精美的图片来展示植物的景观特征、造景功能和园林应用。植物造景的图片是近年在全国主要大中城市拍摄的实景照片，书中同时介绍了所收录植物品种的学名、形态特征、生物习性、繁殖要点、栽培养护要点，代表了我国植物造景艺术和技术的水平，具有十分重要的参考价值。

本丛书的编写得到了许多城市园林部门的大力支持，陶劲、刘伟、刘久东、佘美萱参与了前期编写，王斌、王旺青提供了部分图片，在此表示最诚挚的谢意！

编者

2018 年于广州

目录

Contents

第一章 藤蔓植物概述

造景功能

藤蔓植物以其枝条细长、不能直立而区别于其他园林植物，具有非常明显的景观特色。在群落配置中无特定层次，但可丰富景观群落，可以配置在景观群落的最下层做地被，也可以配置于植物群落的上部悬挂攀援。其茎蔓柔软不能直立，故可作垂直绿化，通过自身特有的结构沿着其他植物无法攀附的垂直立面生长、延展，这是藤蔓植物的优势和特色所在。其植株大小各异，形态无定形，可做各种造型，也不拘配置空间。藤蔓植物从高达数米的大型木质藤蔓到长不盈尺的小型草质藤蔓，既可以绿化大型的园林空间，也可以装饰园林中细微的局部。

藤蔓植物的定义与范围

藤蔓植物常指茎蔓细长不能直立生长的植物，也称为藤本植物。藤蔓植物的范围有不同的界定，有狭义和广义之分。

广义是指具有藤蔓植物性质的所有植物，根据植物枝条的伸展方式与习性，分为攀援、匍匐、垂吊 3 类。狭义是指具有细长、不能直立的茎，凭借自身的作用或特殊结构具有攀附他物向上伸展的习性。狭义的概念是园林应用中常用的藤蔓植物概念，一般分为 4 大类，分别为缠绕类、卷须类、吸附类和蔓生类。

藤蔓植物的主要类群

缠绕类藤蔓植物

此类植物茎细长，主枝幼时螺旋状缠绕他物向上伸展。尽管没有向上攀附的结构，但通过幼嫩枝条的主动行为达到向上或固定方向的延伸。该类植物种类繁多，园林造景中广泛使用，主要代表植物包括铁线莲（*Clematis florida*）、木通（*Akebia quinata*）、金银花（*Lonicera japonica*）、紫藤（*Wisteria sinensis*）、牵牛（*Pharbitis nil*）、常春油麻藤（*Mucuna sempervirens*）、扁豆（*Lablab purpureus*）、五爪金龙（*Ipomoea cairica*）等。

缠绕类藤蔓植物根据其旋转、缠绕方向的不同可以分为左旋型、右旋型和乱旋型。

- 左旋型

茎始终向左旋转，不为人力所改变，如牵牛（*Pharbitis nil*）和常春油麻藤（*Mucura semperviens*）。

- 右旋型

茎始终向右旋转，不为人力所改变，如鸡血藤（*Millettia reticulata*）、薯蓣（*Dioscorea opposita*）、鸡矢藤（*Paederia scandens*）和葎草（*Humulus scandens*）。

- 乱旋型

无固定旋转方向者，如中华猕猴桃（*Actinidia chinensis*）、文竹（*Asparagus setaceus*）和何首乌（*Polygonum multiflorum*）。

卷须类藤蔓植物

此类植物依靠其特化的攀援器官——卷须攀附延展，延展的主动性和延展范围得到了一定的提高。其主要类群根据卷须的起源和性质，可以分为以下几类。

- 花序卷须型

花序的一部分变态成为卷须的藤蔓植物，如白蔹（*Ampelopsis japonica*）、鹰爪（*Artabortry hexapetalus*）。

- 茎卷须型

茎蔓变态形成卷须的藤蔓植物，卷须常着生于叶腋或与叶对生，如葡萄科的植物。

- 小叶卷须型

羽状复叶的部分小叶变态成为卷须的藤蔓植物，如香豌豆（*Lathyrus odoratus*）和炮仗花（*Pyrostegia venusta*）。

- 托叶卷须型

叶柄基部的托叶变态形成卷须的藤蔓植物，如肖菝葜（*Heterosmilax chinensis*）和葫芦科的植物。

- 叶尖钩卷型

叶先端卷曲攀援的藤蔓植物，如嘉兰（*Gloriosa superba*）、黄精（*Polygonatum sibiricum*）等。

- 叶柄卷须型

依靠叶柄卷攀延展的藤蔓植物，如铁线莲属的多数种类。

吸附类藤蔓植物

该类植物依靠特殊的吸附结构（如吸盘和气生根）附着和穿透物体表面而攀援。此类藤蔓植物体量较小，但十分有特色和观赏效果。根据吸附结构的不同，主要分为两大类。

- 吸盘吸附型

茎卷须的顶端膨大形成圆形而扁平的吸盘，以吸盘吸附他物而攀援伸展。吸盘的吸附能力相当强，能在光滑垂直的墙面攀援，是其他藤蔓植物所不具有的，有特殊的垂直绿化功能。代表种类有爬山虎（*Parthenocissus tricuspidata*）、五叶爬山虎（*P. quinquefolia*）和崖爬藤（*Tetrastigma obtectum*）。

- 气生根吸附型

植株茎上产生气生根吸附他物表面或穿透嵌入内部借以攀援上升。许多热带高温、潮湿地区起源的藤蔓植物具有此类特殊习性。代表种类有绿萝（*Scindapsus aureus*）、胡椒（*Piper nigrum*）、龟背竹（*Monstera deliciosa*）和薜荔（*Ficus pumila*）。

蔓生类藤蔓植物

该类植物没有特殊的攀援器官和自动缠绕攀援的能力，通过一定的栽培配置方式发挥其茎细弱蔓生的习性作垂直绿化造景，园林中常作悬垂布置或做地被植物。此类植物种类不少，是园林绿化中常用的藤蔓植物，主要代表有多花蔷薇（*Rosa multiflora*）、光簕杜鹃（*Bougainvillea glabra*）、云实（*Caesalpinia decapetala*）、藤本月季（*Rosa hybrida*）等。

藤蔓植物在园林造景中的作用

植物造景与绿化、美化作用

藤蔓植物具有直立型植物完全不同的造景功能，是园林中不可或缺的景观植物。其绿化、美化的对象或部位十分有特色，主要装饰物体的表面，不仅装饰水平面（如作为地被植物使用）、垂直平面（如垂直绿化墙面和叠石表面），而且还绿化、美化植物表面（如装饰树干、悬挂树枝）。

生态效应与环境改善作用

藤蔓植物本身具有良好的观赏功能和造景功能，同时其生态功能也十分重要。首先，藤蔓植物改善小环境的功能强大。藤蔓植物装饰的绿亭、曲廊和棚架，不仅可以分割庭园空间，同时也为人们提供了凉爽、幽静的环境；其次，防护作用十分明显。藤蔓植物能减少噪声、净化空气、增加空气湿度、保护建筑物表面、降低室内温度、节约能源。

垂直绿化与立体绿色空间

现代化的城市，少不了高楼大厦、立交桥和高架路；美丽的园林，少不了亭台、曲廊和叠石，这些结构需要利用藤蔓植物进行垂直绿化，并由此形成城市新的绿色景观。

造景功能与经济效益

许多藤蔓植物是十分重要的经济植物，如葫芦科的瓜类植物——南瓜、苦瓜、丝瓜和瓠瓜，就是重要的食用果蔬，而何首乌、木鳖子等是重要的药用植物。这些植物不仅具有良好的造景功能、生态功能，同时也能兼顾经济效益。

藤蔓植物的造景特色与应用方式

造景特色

藤蔓植物以其枝条细长、不能直立而不同于其他园林景观植物，具有非常明显的特色。

- 在群落配置中无特定层次，但可丰富植物造景

藤蔓植物可以通过其自身的特有结构在植物景观群落的不同层次和方向延展，没有特定的配置层次，但是它们在丰富植物造景方面具有重要的作用。藤蔓植物可以配置在景观群落的最下层做地被，也可以配置于植物群落的上部作垂直绿化或悬挂攀援。

- 茎蔓柔软不能直立，但可作垂直绿化

藤蔓植物茎蔓柔软不能直立，但可以通过其自身的特有结构沿着其他植物无法攀附的垂直立面生长、延展，在其他植物无法绿化、美化时进行垂直绿化，这是藤蔓植物的优势和特色所在。

- 植株形态无定形，但可做各种造型

藤蔓植物无特定的株形，其性质近于水。水无定形，但可以呈现出容器的形态。藤蔓植物的形态决定于其所绿化、美化的对象。如果藤蔓植物装饰垂直的墙壁，其形态则似平整的绿色挂毯；如果绿化的是细长的电线杆，其形态则似绿色的细柱；如果绿化的是地面，其形态则为绿色的地被。

- 植株大小各异，但不拘配置空间

藤蔓植物从高达数米的大型木质藤蔓到长不盈尺的小型草质藤蔓，既可以绿化大型的园林空间，也可以装饰园林中细微的局部。

应用方式

藤蔓植物类型丰富，生态习性各异，观赏特色多样，其造景功能和应用方式同样是丰富多彩的。

- 垂直立面绿化造景

又称为附壁式造景，主要通过吸附类藤蔓植物借助其特殊的附着结构在垂直立面的绿化造景，往往只有一个观赏面。

垂直立面主要包括建筑物墙面、桥梁（桥墩）、立交桥、岩石表面、挡土墙等。这是常见的藤蔓植物造景方式，也是极富特色的绿化方式。

垂直立面绿化具有良好的景观效果，从平面的角度或局部看，此种绿化有绿色或彩色挂毯的效果；从建筑物总体看，其绿化效果犹如巨大的绿色雕塑。

垂直立面绿化具有良好的生态效果，在大楼的南立面和西立面，采用垂直立面绿化能改善室内温度，冬暖夏凉，同时又有减少噪声、保护墙壁的效果。

垂直立面绿化的主要藤蔓植物是吸附类植物，如爬山虎（*Parthenocissus tricuspidata*）、凌霄（*Campsis grandiflora*）等。吸附类植物与悬垂类藤蔓植物配合使用的垂直立面绿化效果也非常好。

- 篱垣式造景

篱垣式造景与垂直立面造景有相近之处，都具有立面绿化造景的特征，不同在于篱垣式造景高度有限，选材范围宽广，景观两面均可观赏。

被绿化的主体具有支撑的功能，如栏杆、低矮围墙、栅栏、铁丝网、篱笆等。其景观效果常常表现为绿色的围墙或围篱，其功能除了造景外，还有分割空间和防护作用。

选择的藤蔓植物主要是缠绕类、卷须类和蔓生类，也可以是吸附类。常见种类有蔷薇属植物、豆类植物、瓜类植物等。

根据篱垣的类型、功能和质地，应选择不同的藤蔓植物。

- 棚架式造景

棚架又称花架，是园林中最常见的藤蔓植物造景方式，是采用各种刚性材料构成的、具有一定结构和形状的供藤蔓植物攀爬的园林建筑。

棚架类型多样，按照立面形式分为普通廊式棚架（两面设立支柱）、复式棚架（两面为柱中间设墙）、凉架式棚架（中间设柱）、半棚架（一面设柱一面设墙）和特殊造型棚架，按照棚架设置的位置分为沿墙棚架、爬山棚架、临水棚架和跨水棚架。

藤蔓植物棚架式造景具有观赏、休闲和分隔空间三重功能。休闲功能是上述两类藤蔓植物景观所不具备的，在园林中具有观赏性、实用性，棚架式造景因此也成为园林中常见的藤蔓植物景观。

棚架藤蔓植物主要选择卷须类和缠绕类，也可选择适宜的蔓生类，常见的有常春油麻藤（*Mucuna semperviens*）、西番莲（*Passiflora caerulea*）、葡萄（*Vitis vinifera*）、中华猕猴桃（*Actinidia chinensis*）等。

- 假山置石绿化造景

假山和置石已经成为园林中不可或缺的景观元素，而假山置石装饰藤蔓景观植物，刚柔相济，相互应衬。有石有山必有藤，藤蔓植物已经广泛应用于假山置石的绿化。

用于假山置石绿化美化的藤蔓植物主要是悬垂的蔓生类和吸附类，此类植物选择要考虑假山置石的色彩和纹理，同时在配置上数量要适宜，要充分显示假山置石的美丽和气势。常见种类有金银花（*Lonicera japonica*）、蔓常春（*Vinca major*）、凌霄（*Campsis grandiflora*）、爬山虎（*Parthenocissus tricuspidata*）和络石（*Trachelospermum jasminoides*）等。

- 柱体垂直绿化造景

这是一类比较特殊的藤蔓植物绿化景观，主要为高架桥、立交桥的立柱、电线杆以及树干等柱形结构。

主要藤蔓植物种类为吸附类和缠绕类，如薜雳（*Ficus pumila*）、爬山虎（*Parthenocissus tricuspidata*）、牵牛（*Pharbitis nil*）、五爪金龙（*Lpomoea cairica*）等。

- 地被景观

许多藤蔓植物横向生长也十分迅速，能快速覆盖地面形成良好的地被景观。如蔓常春（*Vinca major*）、葎草（*Humulus scandens*）、络石（*Trachelospermum jasminoides*）等。同时，藤蔓植物在阳台屋顶绿化造景中应用也十分广泛。

第二章

缠绕类藤蔓植物造景

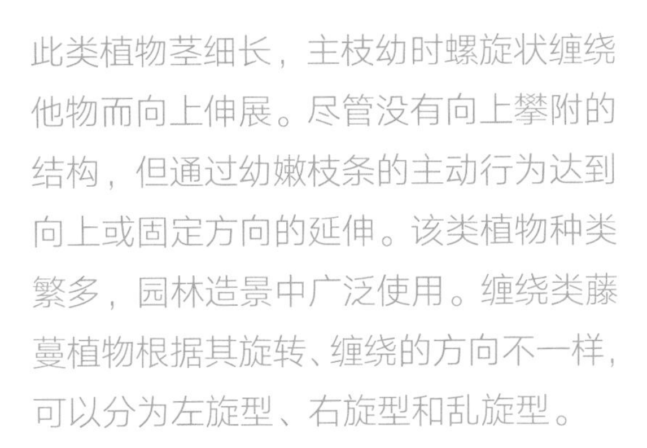

造景功能

此类植物茎细长，主枝幼时螺旋状缠绕他物而向上伸展。尽管没有向上攀附的结构，但通过幼嫩枝条的主动行为达到向上或固定方向的延伸。该类植物种类繁多，园林造景中广泛使用。缠绕类藤蔓植物根据其旋转、缠绕的方向不一样，可以分为左旋型、右旋型和乱旋型。

蝶豆

别名：蝴蝶花豆、蓝花豆
科属名：蝶形花科蝶豆属
学名：*Clitoria ternatea*

蝶豆花、果特写

形态特征

一年生或二年生缠绕性藤本植物。枝蔓长达3m。茎具柔毛。叶互生，奇数羽状复叶；小叶3~9片，卵状椭圆形或椭圆形。花似蝴蝶，型大而美丽，单生于叶腋间，色彩丰富而艳丽，具白色、粉红色、紫蓝或紫红等色。荚果扁平。春季至秋季均能开花，盛花期7~9月，果期8~10月。除单瓣的常见品种外，还有重瓣品种——重瓣蝶豆（cv. Plenus），花较大，具有重瓣的花冠。

适应地区

在我国华南地区和台湾等地已逸为野生状态，广东、广西、海南等地多露地栽培。长江以北地区可作温室盆栽观赏。

生物特性

热带植物，喜温暖、湿润、全日照环境，也耐半阴，怕霜冻。对土壤适应性较强，宜选用排水良好、富含腐殖质、微潮偏干的砂质壤土。

繁殖栽培

以播种法繁殖为主。采下成熟种子，多在每年2~4月进行播种育苗，播前用温水浸种7~10小时，待种子吸饱水后直播于土壤之中，覆土约6mm，浇透水。在20~25℃的气温中，约2周发芽。生长迅速的藤蔓花卉，阳光不足植株易徒长，只长叶而不开花。当小苗长至20~25cm高时，架设竹枝让其缠绕向上生长。分枝少需不断摘心而促进枝繁叶茂。种植前要施足基肥，施肥宜每月2~3次，追施氮肥不宜多，否则叶多花少。生长旺盛阶段应保证水分的供应。

蝶豆景观

景观特征

几乎常年都开花，花朵似纷飞的蝴蝶美丽动人。地栽于庭园的凉棚或篱笆旁，让其自然攀爬，营造浓郁的田园野趣风光。作为攀援植物，它不仅很好地进行了垂直绿化，而且秋季时果实累累，具实用价值。其最佳观赏时段为7~9月。

园林应用

篱栅攀生型植物，自定植后经2~3个月的生长即可成形。在温暖地区可用于绿篱、花坛或栅栏美化，北方则作为温室盆花。其叶片繁茂，覆盖力强，可做地被。除观赏外，全株可做绿肥或饲料。

杠柳

别名：北五加皮、香加皮、羊奶条、立柳
科属名：萝藦科杠柳属
学名：*Periploca sepium*

杠柳枝叶特写

形态特征

落叶木质藤本。枝蔓可长达10m以上，茎具白色乳汁。单叶对生或近对生，叶片革质，全缘，卵状披针形。聚伞花序腋生，花冠紫红色，边缘密生白毛。蓇葖果双生，纺锤状圆柱形。种子长圆形，顶端具白色绢毛。花期5~7月，果期7~9月。

适应地区

产于我国北部及长江流域各地区。野生见于林缘、灌丛、路旁及沟边。

生物特性

适应性强，喜光照充足的环境。喜微潮偏干的土壤环境，耐旱能力强。喜温暖，也耐寒，在14~26℃生长最好。根系发达、易萌蘖。宜选用土层深厚、疏松、肥沃的壤土，在瘠薄的土壤中也能较好生长。

繁殖栽培

播种、扦插、压条、分株繁殖。适应性强，栽培容易，耐粗放管理。对水分要求很低，利用自然降水即可满足生长。要求肥料稍多，在生长旺盛阶段每隔2~3周追肥一次，各种有机肥料及复合肥料均好。不易患病虫害。

景观特征

适应性强，易于管理，成形后枝叶俊秀，花、果、叶均有一定的观赏性，用于干旱、贫瘠之地作垂直绿化，很快就能使环境充满生机。

园林应用

适宜我国大部分地区，用于凉亭、花廊、绿篱、栅栏、围墙、墙垣、棚架绿化，还可植于坡地、水边、山石缝隙或用于堤岸地被。

杠柳景观

紫藤

别名：朱藤、藤萝、葛花
科属名：蝶形花科紫藤属
学名：*Wisteria sinensis*

形态特征

落叶大型木质攀援藤本植物。枝干皮呈浅灰褐色，茎秆盘曲，藤蔓多向左旋转。奇数羽状复叶互生，小叶 7~13 片，多数 11 片；卵形至卵状披针形，先端尖，基部圆形，全缘；托叶线状披针形；幼叶两面均有白色柔毛，以后逐渐脱落，近似无毛。花两性，圆锥花序或总状花序，腋生或顶生，下垂长达 15~30cm；小花多数，50~100 朵，通常为蝶状，单瓣，蓝紫色至淡紫色，花瓣反卷，自下而上逐步开放，有芳香。花期 4~5 月。10 月果熟，荚果长条形，长 10~20cm，外被银灰色茸毛，有光泽，内含种子 3~4 颗。栽培品种有银藤（cv. Alba），花白色；重瓣紫藤（cv. Plena），花重瓣；粉花（cv. Rosa）；丰花紫藤（cv. Prolific），花序长而尖，开花丰富等。

紫藤簇生于叶腋的花

适应地区

原产于中国，分布于我国东北南部至广东、四川、云南等地。现全国各地广泛栽培。

紫藤景观

紫藤花序特写

紫藤景观

紫藤果实

生物特性

植株强健，喜光，略耐阴，耐寒，耐旱，在微碱性土壤中也能生长良好。宜在湿润、肥沃、避风向阳、排水良好的土壤中栽植。生长迅速，寿命长。

繁殖栽培

播种、扦插、压条、嫁接、分蘖繁殖均可。优良品种用嫁接繁殖，以原种为砧木，春季萌芽前进行。移栽小苗可裸根，大苗须带泥球，定植后都要设立棚架，使其向棚架攀援。养护中及时剪除徒长枝、过密枝以及有病虫害的枝条。冬季落叶后对植株进行一次全面的修剪，剪除干枯枝，把当年生的枝条剪短1/3~2/3，使其长短不一、错落有致。

景观特征

春季一串串蓝紫色的蝶形花序垂挂花架，散发出阵阵宜人的芳香；夏秋季节绿叶满枝，清幽典雅，具有较强的观赏性。平时婆娑多姿，花时繁花似锦，老干虬然如龙蟠，古趣甚浓。

园林应用

枝繁叶茂，花大色艳，有“天下第一藤”之美称，是良好的棚架攀援植物。用以遮盖柱杆和建筑，攀援棚架、亭子和门廊，覆盖台壁和石栏，均十分合适。装点假山湖石，形成亭亭华盖，十分雅致。用其制作盆景，茎干弯曲缠绕，宛若蛟龙。

＊园林造景功能相近的植物＊

中文名	学名	形态特征	园林应用	适应地区
藤萝	*Wisteria villosa*	花序长 20~35cm，花淡紫色，叶背和荚果密被丝状细毛	同紫藤	同紫藤
白花藤萝	*W. venusta*	茎左旋。小叶 9~13 片，两面具绢毛。花序长 10~15cm，花白色，具微香，5 月花叶同期	同紫藤	北方地区有应用
日本紫藤（多花紫藤）	*W. floribunda*	茎右旋。小叶多，13~19 片。花紫色或紫蓝色，芳香，花期 5 月上旬，花序长 30~60cm。品种多	同紫藤	同紫藤

常春油麻藤

别名：常绿油麻藤、常绿黎豆、过山龙
科属名：蝶形花科油麻藤属
学名：*Mucuna sempervirens*

形态特征

多年生常绿缠绕木质藤本。茎蔓长可达 30m 以上。三出羽状复叶互生，顶生小叶卵状椭圆形，侧生小叶斜卵形，全缘，叶纸质。总状花序常生于老干上，通常下垂；花大，长达 6.5cm，蝶形，深紫色，具香气。荚果条形，长 40~60cm，有缢缩。种子椭圆形。花期 4~5 月，果期 9~11 月。

适应地区

原产于华东、华南至西南地区，长江以南各地可栽培。

生物特性

喜温暖、湿润气候，不耐寒，在 18~28℃的温度范围内生长较好。喜光照充足的环境，稍耐阴。耐干旱、瘠薄，对土壤要求不严，适应性强。

繁殖栽培

扦插、压条、种子均可繁殖，但以高压法为主。定植时施足基肥，选择排水良好的石灰质土壤。生长旺盛阶段应保证充足的水分供应，对肥料的需求量较多。本种寿命较长，如有树势衰退、不爱开花等现象发生时，可以考虑进行更新。病虫害少。

常春油麻藤花序

景观特征

枝蔓延展，叶色翠绿宜人；花朵鲜艳美观，而且具有少见的老茎生花现象，在亚热带地区较为奇特。花序悬挂于盘曲老茎，具有很好的装饰效果。将其种植在棚架旁、假山侧，待其成型后，气势不凡。

园林应用

适于攀附花架、绿廊、绿门，也可用于山岩、叠石、林间配置，攀援大树，颇具自然野趣。

*** 园林造景功能相近的植物 ***

中文名	学名	形态特征	园林应用	适应地区
白花油麻藤	*Mucuna birdwoodiana*	花大而显著，白色	同常春油麻藤	同常春油麻藤
大果油麻藤	*M. macrocarpa*	花紫色，旗瓣、龙骨瓣绿白色	同常春油麻藤	华南、西南及热带地区
红花油麻藤	*M. bennettii*	花大而显著，鲜红色	同常春油麻藤	同常春油麻藤

白花油麻藤花序

白花油麻藤景观

大果油麻藤

常春油麻藤景观

常春油麻藤茎叶特写

常春油麻藤果、叶

扁豆

别名：蛾眉豆、眉豆、紫花鹊豆
科属名：豆科扁豆属
学名：*Lablab purpureus*

形态特征

一年生缠绕藤本。三出复叶；顶生小叶菱状广卵形；侧生小叶斜菱状广卵形，顶端短尖或渐尖，基部宽楔形或近截形，两面沿叶脉处有白色短柔毛。总状花序腋生；花 2~4 朵丛生于花序轴的节上；花冠白色或紫红色。荚果扁，镰刀形或半椭圆形。种子 3~5 颗，扁长圆形，白色或紫黑色。花期 4~12 月。依花的颜色不同分为红花与白花两类，而依荚果的颜色有绿白、浅绿、粉红与紫红等色。目前栽培的主要品种有紫花小白扁、猪血扁、红筋扁、白花大白扁和大刀铡扁等品种。

扁豆（红花）花、果特写

扁豆（白花）花、果特写

适应地区

我国南方地区栽培较多，华北各地也有栽培。

生物特性

喜阳光充足的环境，对阴蔽的耐性差。喜湿润的气候和较湿润的土壤环境，对干旱的耐受性强。对高温有一定的耐性，不耐严寒，遇霜冻则枯死。根系发达，对土壤的适应性广。

繁殖栽培

多采用播种的方式进行繁殖。春、秋季均可进行，长至有 2~3 片叶时可定植。栽培土质以肥沃、疏松的壤土为佳，排水、日照需良好。苗期需水较少，开花结荚期需水较多，因此应视天气浇水、排水，既要保持土壤湿润，又防渍水沤根。定植时可施用基肥，以后可每隔两周追肥一次。当主蔓长至约 0.5m 时，需及时打顶、摘心。

景观特征

株形较大，枝叶繁茂，叶片常 3 片而出，大而美观，小花常三四朵一簇点缀于叶片之间，

*** 园林造景功能相近的植物 ***

中文名	学名	形态特征	园林应用	适应地区
红花菜豆	*Phaseolus coccineus*	茎纤细，长可达 7~10m。叶互生，三出复叶。总状花序腋生，花冠火红色。花期 7~10 月，果期 8~11 月	作一年生栽培，同于扁豆	原产于中南美洲，世界各地均有栽培
狭刀豆	*Canavalia lineata*	多年生缠绕藤本。三出复叶，小叶卵形，先端圆或具小尖头。总状花序腋生，花冠淡紫色	同扁豆	我国亚热带地区栽培应用

扁豆（白花）花序特写

扁豆景观

花色淡紫，柔和而清新，犹如蝴蝶翩翩嬉戏于绿叶之上。整株给人以朴素、淡雅的感觉，待到果时，更有丰收的喜悦。

园林应用

一种较常见的、优良的垂直绿化材料，既可观赏，又可食用，可用于庭院棚架、墙体、篱栅美化，或用于游园、小区等处绿廊、花架、围栏作绿化修饰。

红花菜豆花序

狭刀豆花序

葛藤

别名：葛、野葛、干葛、粉葛
科属名：蝶形花科葛属
学名：*Pueraria lobata*

形态特征

多年生草质大藤本。全株被黄褐色长硬毛。缠绕茎长达10m以上，具肥厚块根，圆柱形。托叶盾状着生；三出复叶，互生，具长柄，顶生小叶菱状卵形，先端尖，叶形对称；侧生小叶宽卵形，叶形不对称，基部偏斜，叶缘常波状或呈2~3裂，两面被毛。花蝶形，花冠紫红色，多数集生为总状花序，腋生。荚果，长条形，扁平，密被黄褐色长毛。花期7~9月，果熟期8~10月。具有2个变种，分别为台湾葛藤（var. *montana*），叶背被绢质柔毛，苞片卵形；粉葛（var. *thomsonsii*），小叶通常2~3浅裂，萼齿远比萼管长。

适应地区

原产于中国，除新疆和西藏以外，各地均有分布，多野生于山坡、路旁或疏林中。

葛藤景观

生物特性

喜阳光充足的环境，稍耐阴，阳坡、阴坡均能生长。喜温暖，较耐寒，在18~28℃的温度范围内生长较好，在霜冻后，植株地上部就会死亡。不耐涝，能耐旱，耐瘠薄，但在土层深厚的砂质壤土中生长最佳。

葛藤景观

葛藤花序特写

＊园林造景功能相近的植物＊

中文名	学名	形态特征	园林应用	适应地区
热带葛藤	*Pueraria phaseoloides*	块根纺锤形或棒形。托叶基部着生；三出复叶，小叶卵形，3 裂。总状花序，花紫色。荚果具少量伏毛	同葛藤	同葛藤
凉薯（地瓜）	*Pachyrhizus erosus*	块根扁锥形。三出复叶，小叶宽卵形，全缘。总状花序，花紫色	同葛藤	同葛藤

繁殖栽培

播种、扦插、压条均可繁殖，但以种子繁殖为主。通常在早春播种，可直接穴播，播种前用温水浸种 3~5 小时。生长健壮，一般不需特殊管理，只要在苗期注意除草、松土和适当追施粪肥。绿化应用可视条件搭设支架，让茎蔓攀绕生长，营造景观。一般病虫害不太严重。适当控制植株的生长，以免造成环境危害。

景观特征

生长势强，容易形成景观，群体效果好。叶片形态良好，花色美丽，每逢夏季，成串的紫红色小花点缀在绿叶丛中，饶富情趣。

园林应用

适用于庭院棚架、院墙、绿篱攀援，也是坡地良好的水土保持植物。常缠绕树上，但因绞缢及阻碍阳光可能会导致幼树甚至大树死亡。

热带葛藤叶特写

热带葛藤景观

金线吊乌龟

别名：盘花地不容、山乌龟、头花千金藤
科属名：防己科千金藤属
学名：*Stephania cepharantha*

形态特征

多年生缠绕藤本。全株光滑无毛。块根椭圆形，粗壮。茎下部木质化；小枝细弱，有细沟纹。叶互生，叶片纸质，三角状卵圆形，长 5~9cm，宽与长近相等或略宽，先端圆钝，具小突尖，基部近圆形或小内凹，全缘或微波状，上面深绿色，下面粉白色，掌状脉 5~9 条；叶柄盾状着生，柄长 5~11cm，有细条纹。花单性，雌雄异株；雄花序为头状聚伞花序，有花 18~20 朵，再组成总状花序式，腋生；总花梗丝状，长 1~2cm；花小，淡绿色；雄花萼片 4~6 枚，匙形，花瓣 3~5 枚，近圆形；雄蕊 6 枚；雌花萼片 3~5 枚，花瓣 3~5 枚，无退化雄蕊，子房上位，柱头 3~5 裂。核果球形，成熟时紫红色。花期 6~7 月，果期 8~9 月。

金线吊乌龟景观

适应地区

原产于我国南部地区。生于海拔 1000m 以下的阴湿山坡、林缘、路旁或溪边。

生物特性

喜疏阴至半阴的环境，对阴蔽环境有较强的耐性。喜微潮偏干的土壤和湿润的气候，对水湿有较强的耐性。喜温暖的环境，对寒冷的耐受性差。在排水良好、肥沃的砂质土壤上可生长旺盛。

＊园林造景功能相近的植物＊

中文名	学名	形态特征	园林应用	适应地区
千金藤	*Stephania japonica*	落叶藤本。单叶互生，全缘，薄革质。花单性，雌雄异株。核果球形，熟时红色	同金线吊乌龟	同金线吊乌龟
粪箕笃	*S. longa*	常绿木质藤本。单叶，盾状着生，卵形，长 5~8cm，宽 3~4cm。花序为假伞形花序，花萼片 8 枚	同金线吊乌龟	同金线吊乌龟

千金藤景观

繁殖栽培

繁殖多采用扦插的方法，多在每年 6~8 月进行，也可采用播种法进行繁殖。栽培土质以疏松、富含腐殖质的砂质壤土为宜，排水、日照需良好。夏季阳光强烈时，可适当遮阴。对肥料的需求量较多，可在定植时施用基肥，生长旺盛阶段可每隔 2~3 周追肥一次。在良好的管理下，不易患病，也较少受到虫害。

景观特征

株形优美，具肥大的块根，颇显奇特，蔓茎纤细而俊秀，叶片舒展，叶形奇特，美观耐看，用其装点环境，可增添清新之感，小花非观赏重点。秋天到时，果实红艳，是除叶片之外的另一美景。

园林应用

我国南方地区可地栽，可用于私家庭院、花园中篱栅、围墙美化，也可用于公园、游园、园林中的花廊、花篱作攀援绿化，或用于山石、树干装点，也适宜家庭室内栽培和阳台栽植观赏。

千金藤景观

粪箕笃

山荞麦

别名：大红药、花蓼、木藤蓼、血七
科属名：蓼科蓼属
学名：*Polygonum aubertii*

形态特征

落叶藤本。茎纤细，缠绕或近直立，初为草质，1~2 年后变为木质或近木质，枝蔓长达 10~15m。单叶互生或簇生，长圆状卵形，长 3~10cm，先端急尖，基部浅心形或戟形，边缘波状，两面光滑无毛。花序圆锥状，顶生或侧生；苞膜质，内含有 3~6 朵花；花小，白色或白绿色，具淡香，花被 6 深裂。瘦果，果实卵状三棱形，黑褐色。北京地区花期 9 月中旬至 10 月中旬，果期 11 月下旬至 12 月中旬。

山荞麦景观

适应地区

陕西、甘肃、内蒙古、山西、河南、青海、宁夏、云南、西藏等省区有分布。

生物特性

寿命长，生性较强健。喜肥沃、开阔向阳之地。喜偏干的土壤环境，较耐旱，不能长期水淹。喜日光充足的环境，每天接受日光照射不宜少于 4 小时。喜温暖，耐严寒，适应温度为 18~28℃，可耐 -20℃的低温，我国北方地区可露地越冬。

山荞麦景观

繁殖栽培

播种或扦插繁殖，发芽率很高，但以扦插法为主，多在每年 4~6 月进行。非常耐粗放管理。虽然喜干燥环境，但生长旺盛阶段应保证充分的水分供应，才能枝繁叶茂。对肥料需求量少，施足基肥即可。当年苗高可达 1m，如植株过密，可移栽一次。定植后要浇水 1 至数次，中耕除草 1~3 次，以后任其生长。成形植株每年冬季应修剪整形，病虫害少。

景观特征

生长迅速，攀援性强，在粗放的管理下就能很好地生长。其耐干旱、耐瘠薄，上架后能带来一片绿阴，时至仲秋，花开繁茂，暗香浮动，招蜂引蝶，颇为壮观。

园林应用

开花时一片雪白，有微香，是良好的攀援植物。可地栽布置庭院、墙垣，也可用棚架栽培或倚树栽培，或做地被植物。其花开繁茂，是良好的蜜源植物。鸟类爱在其浓密的叶丛中搭窝筑巢，因此又具有良好的生态意义。

山荞麦花序

山荞麦景观

山荞麦景观

落葵

别名：木耳菜、藤菜、胭脂豆、紫角叶、豆腐菜
科属名：落葵科落葵属
学名：*Basella alba*

形态特征

多年生缠绕草本，常作一年生栽培。全体肉质，光滑无毛，枝蔓长达 3~4m，多分枝。单叶互生，具柄，卵圆形或长圆形，长 3~12cm，宽 3~11cm，先端急尖，基部心形，全缘。穗状花序腋生，夏季开花，花小，白色，花萼花冠状，花瓣缺，雄蕊 5 枚。胞果卵形至球形，熟后黑色。种子近球形，种皮紫黑色。花期 7~9 月，果期 8~10 月。品种有红花落葵（cv. Rubra），花序淡紫色，果紫色。

红花落葵的果实

落葵景观

红花落葵

＊园林造景功能相近的植物＊

中文名	学名	形态特征	园林应用	适应地区
落葵薯	*Anredera cordifolia*	草质缠绕藤本。单叶长 2~6cm。总状花序长 7~25cm，花白色	同落葵	同落葵

适应地区

我国部分地区作蔬菜栽培。

生物特性

喜温暖，耐高温、高湿，不耐寒，气温低于18℃时生长缓慢。喜充足的日光照射，环境不宜过分阴蔽。较耐瘠薄，宜疏松、肥沃、pH 为 4.7~7.0 的砂质壤土。稍耐旱，怕积水。华南地区可作二年生栽培，其余地区多作一年生栽培。

落葵薯花序

落葵薯景观

繁殖栽培

4~8 月浸种催芽后播种，条播或撒播，种子为需光型，在变温条件下发芽率高。也可扦插繁殖，可于高温时节剪取健壮枝条茎段进行扦插，生根十分容易。最好栽种在地势较高、开阔向阳之地，避开风口。在生长旺盛时期要保持充足的水分供应，同时每隔半个月追肥一次。株高约 6cm 时摘心一次，以促发新枝。株高 30cm 时应立支架，同时牵引上架，注意使其茎叶均匀分布，否则显得凌乱，有碍观瞻。叶斑病较多，注意防治。

景观特征

生长迅速、成形快，枝繁叶茂、郁郁葱葱。春来种上几株，无需很多时日，也不需精心的管理，它的叶片就会缀满支架，绿意浓浓，饶富情趣，是一种贴心的植物小宠物。

园林应用

是热带地区装饰篱笆、栅栏的良好材料。主要用于绿化篱垣，也可用做遮掩材料，还可盆栽供阳台、窗台绿化装饰。嫩茎叶可食用和药用，具清热凉血的功效。

何首乌

别名：首乌、夜交藤、紫乌藤、地精
科属名：蓼科蓼属
学名：*Polygonum multiflorum*

形态特征

多年生常绿草质藤本。具肥大肉质块根，赤褐色，入药称首乌。枝蔓长达 5~6m，茎多分枝，红褐色，中空，基部稍木质，缠绕生长。单叶互生，具长柄，叶卵形至心形，长 3~8cm，宽 2.5~4.5cm，先端尖锐，基部心形或截形，叶片亮绿色；叶柄基部有抱茎短筒状的膜质托叶鞘。圆锥花序顶生或腋生，小花白色或淡黄色；雄蕊 8 枚，子房上位。瘦果椭圆形，具 3 棱，褐色，有光泽。花期 7~9 月，果期 9~11 月。

何首乌景观

适应地区

我国华北、华东、华南、西南、西北地区皆有野生分布。常见于灌丛、山脚阴处或石隙中。

何首乌景观

生物特性

喜温暖、湿润的气候和土壤环境，不耐旱，不耐涝，雨季应该注意排涝，以避免栽培地渍水，导致植株烂根。喜阳光充足的环境，在半阴处也能生长良好。在 18~28℃的温度范围内生长较好，北方地区进行栽种，在霜冻前要壅土进行保护。

繁殖栽培

常用扦插，也可播种繁殖。扦插季节华南地区为 2~5 月，华中、西南地区为 3~7 月，华北、华东地区为 7~8 月。气温 24~28℃间约 20 天生根。种子春播，苗高约 10cm 移植。喜湿润的土壤环境，不耐干旱，生长旺盛阶段应保证充足的水分供应。对肥料的需求量不是很多，定植时施足基肥，生长旺盛阶段可以每隔 2~3 周追肥一次。抽蔓后注意牵引其上架。秋末冬初将枯枝落叶及时清除，可减少病虫害。有叶斑病、根腐病等病害和金龟子、蚜虫等虫害，注意防治。

何首乌枝叶和花序

景观特征

攀附力强，蔓长枝多，叶茂而姿雅，花序大而开花多，其茎干红褐色，叶色亮绿，花朵乳白，进行垂直绿化时，能够给环境带来清新秀美的感觉。

园林应用

是垂直绿化的良好材料，在热带地区终年常绿，温带地区冬季地上部分枯萎。适合用于庭院墙垣、叠石、栅栏、小型棚架绿化，也可用于坡坎、岩面作地被绿化。块根、茎、叶均可入药，有滋补及安神的功能。

何首乌景观

何首乌景观

中华猕猴桃

别名：美味猕猴桃、藤梨、羊桃、猕猴桃
科属名：猕猴桃科猕猴桃属
学名：*Actinidia chinensis*

形态特征

落叶木质藤本。枝蔓长达 20m，嫩枝被白色柔毛；老枝无毛。叶圆形或倒卵形，密被毛，长 8~16cm，宽 7~8cm，先端突尖，微凹或平截，缘具刺毛状细齿，纸质。花单性；雌雄异株，聚伞花序；小花 1~3 朵，开放时先为白色，后变为淡黄色，具微香；雄蕊多数；子房上位。浆果椭圆形，黄褐绿色，表面密被棕色茸毛。种子长椭圆形，深褐色。花期 4~6 月，果期 9~10 月。具有许多作为水果食用的栽培品种。

适应地区

原产于我国，广泛分布于长江流域以南各省区，北到河南及西北地区。现栽培较多，主要用作水果食用。

中华猕猴桃枝叶特写

生物特性

较耐寒，全年生长适温为 15~25℃，适合于华北、华东、西南和华中等地区栽培。华南地区夏季酷热，除在山区可正常生长外，在平原地带常生长缓慢和发育不良。喜阳光，稍耐阴。多生于土壤湿润、肥沃的溪谷、林缘。适应性强，酸性、中性土均能生长。

中华猕猴桃景观

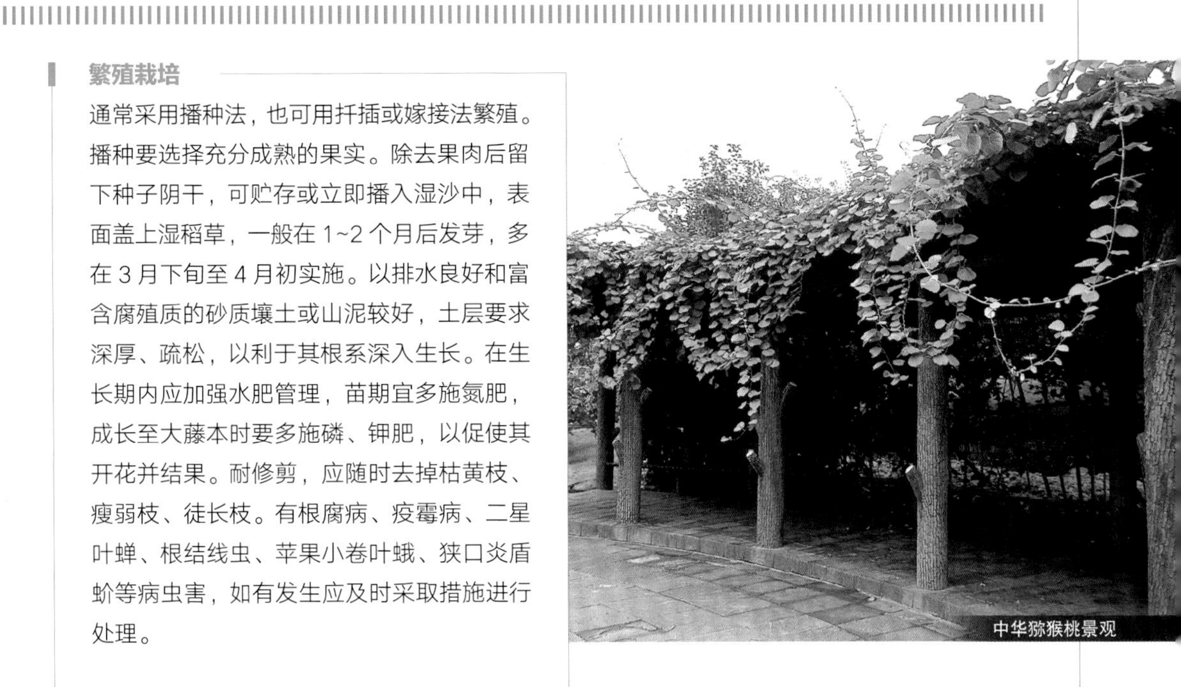
中华猕猴桃果枝

中华猕猴桃景观

繁殖栽培

通常采用播种法，也可用扦插或嫁接法繁殖。播种要选择充分成熟的果实。除去果肉后留下种子阴干，可贮存或立即播入湿沙中，表面盖上湿稻草，一般在 1~2 个月后发芽，多在 3 月下旬至 4 月初实施。以排水良好和富含腐殖质的砂质壤土或山泥较好，土层要求深厚、疏松，以利于其根系深入生长。在生长期内应加强水肥管理，苗期宜多施氮肥，成长至大藤本时要多施磷、钾肥，以促使其开花并结果。耐修剪，应随时去掉枯黄枝、瘦弱枝、徒长枝。有根腐病、疫霉病、二星叶蝉、根结线虫、苹果小卷叶蛾、狭口炎盾蚧等病虫害，如有发生应及时采取措施进行处理。

景观特征

藤蔓虬攀，叶片肥大，花朵芳香，花色雅丽，果实圆大、可口，院内门前种上几株，既可赏叶，又可品果尝鲜，更为炎炎的夏日提供了一片纳凉之地，是颇具推广价值的攀援植物。

园林应用

在园林上可用于棚架、垣篱、网架和走廊等垂直空间绿化，通常具有浓阴密闭的效果。其果实含有丰富的维生素等营养成分，可鲜食或制成果酱，是一种食用与观赏相兼的经济型藤本植物。

＊园林造景功能相近的植物＊

中文名	学名	形态特征	园林应用	适应地区
软枣猕猴桃	*Actinidia arguta*	叶膜质，宽卵圆形至椭圆形，基部圆形或心形。花绿白色，有芳香	同中华猕猴桃	分布于东北、西北及长江流域和山东
狗枣猕猴桃	*A. kolomikta*	叶膜质至薄纸质，卵形至矩圆状卵形，基部心形，叶片中部以上常有黄白色或紫红色斑。花白色	同中华猕猴桃	分布于东北地区及河北、陕西、湖北、四川等省
长叶猕猴桃	*A. hemsleyana*	叶纸质，卵状倒披针形或宽圆形。花绿色	同中华猕猴桃	产于福建、浙江、江西、四川
光萼猕猴桃	*A. fortunatii*	叶纸质，披针形或卵状披针形，基部心形，背面有白粉。花粉红色	同中华猕猴桃	产于湖南、广东、广西及贵州

啤酒花

别名：忽布、蛇麻花、酵母花
科属名：大麻科葎草属
学名：*Humulus lupulus*

形态特征

多年生缠绕草本。枝蔓长达 6m 以上，茎枝和叶柄密生细毛，并有细倒刺。叶纸质，对生，卵形，基部心形或圆形，叶缘具粗锯齿，叶面密生小刺毛。花单性，雌雄异株，雄花排列成圆锥花序，禾秆色；雌花排列成一近圆形的穗状花序，黄绿色。果穗呈球果状，瘦果。花期 7~9 月，果期 10~11 月。

啤酒花景观

适应地区

我国陕西、甘肃、湖北、新疆等省区有野生，现全国各地都有栽培。

生物特性

喜充足的阳光，如生长环境过阴，植株会显得软弱且发育不良，容易滋生病虫害，往往只长枝叶而不开花。喜冷凉的气候，生长适温为 25~28℃，耐寒性强，冬季可耐 -20℃的低温。对干旱有耐性。对土壤要求不严，但在疏松、肥沃、富含有机质和石灰质的微酸或中性砂质壤土中生长最好。

啤酒花花序

繁殖栽培

以分株法繁殖为主，多在每年 3~5 月进行，也可采用播种、扦插、组织培养等方法。栽培土质宜选用富含腐殖质、疏松的砂质壤土，排水、日照条件需良好。对肥料的需求量较多，除在定植时施用基肥外，生长旺盛阶段可以每隔 2~3 周追肥一次。会被花叶病等所危害，需及时防治。

景观特征

株形美观，茎干柔韧，叶片青翠，进入秋季后，叶片显得更为美丽，雌雄花序形态各异，簇簇花序点缀于绿叶之间，加以阵阵清香，给人以朴实的美感，装饰效果较好。

园林应用

是一种良好的垂直绿化材料。生长迅速，能在较短的时间内显现立竿见影的效果。园林上可供棚架、凉亭、花廊等物体攀援绿化之用，庭院和家居中可用于装点花架、篱棚或墙垣等处。

葎草

别名：勒草、葛勒子秧、锯锯藤
科属名：大麻科葎草属
学名：*Humulus scandens*

葎草叶片特写

形态特征

缠绕草本。茎、枝、叶柄均具倒钩刺。叶纸质，肾状五角形，掌状5~7深裂，稀为3裂，表面粗糙，疏生糙伏毛。雄花小，黄绿色，圆锥花序；雌花序球果状。瘦果成熟时露出苞片外。花期春、夏季，果期秋季。

适应地区

我国除新疆、青海外，南北各省区均有分布。常生于沟边、荒地、废墟、林缘边。

生物特性

喜阳光充足的环境，对阴蔽和强光有一定的耐受性。喜温暖的气候，生育适温为18~32℃，对寒冷的环境有较强的耐受性。喜湿润的环境，可耐较强的干旱。抗逆性强，长势旺盛，易形成群落。

繁殖栽培

一般可采用播种或扦插法繁殖，春至夏季为适期，种子发芽适温为20~25℃。栽培土质不拘，一般以疏松、肥沃的壤土和园土为宜，排水、日照需良好。管理粗放，一般雨水较充足的地区，不需要刻意浇水。春至夏季施用复合肥2~3次即能生育旺盛。为避免茎、枝伤人，需及时修剪整枝。

葎草雄花序

葎草景观

景观特征

叶形掌状，叶色草绿，植株繁茂，茎、叶柄有逆刺，整株给人以粗放、豪迈的感觉。开花时节，小花点点，淡绿色，跃动于粗糙的绿色之间，可消去部分粗放之感。

园林应用

是一种可粗放栽培的乡土绿化材料。可用于庭院、花园等处的绿化死角或公园、风景区等处的非重点观赏区域处作垂直绿化，也可用于荒地、陡坡等处覆盖，或在河川堤岸处栽培。

南蛇藤

别名：挂郎花、过山风、落霜红
科属名：卫矛科南蛇藤属
学名：*Celastrus orbiculatus*

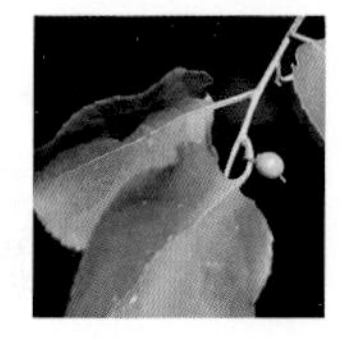
南蛇藤果枝

形态特征

落叶木质藤本。枝蔓长达 12m，幼枝具刺。单叶互生，阔倒卵形至圆形，先端锐尖或钝尖，基部广楔形至圆形，缘具钝齿。聚伞花序顶生或腋生，花杂性，小花黄绿色，子房上位。蒴果近球形，橙黄色至鲜黄色。种子长卵圆形，具红色肉质假种皮。花期 5~6 月，果期 9~10 月。

南蛇藤景观

适应地区

原产于我国和朝鲜等地，现各地均有栽培。

生物特性

性强健，喜强光照射的环境，但对半阴也有一定的耐受性。喜湿润的气候和微潮偏干的土壤，对干旱有较强的耐受能力。喜温暖的环境，可耐受 -20℃的严寒。在土壤疏松、肥沃的环境中生长最好。

南蛇藤景观

繁殖栽培

一般以扦插繁殖为主，多在每年春、秋两季进行。使用中上部的枝条做插穗，保持湿度，温度保持在 16~22℃。也可采用播种和压条的方法。栽培土质宜选用肥沃、疏松的砂质壤土，排水、日照需良好。需肥量较多，定植时施用基肥，以后可每隔 2~3 周施一次有机肥。不易患病，也很少遭到有害动物的侵袭。株形较大，支架应结实耐用。

景观特征

株形较大，枝蔓茂密，叶片宽圆，草绿色，绿油油一片，新奇的是叶片经霜后变为红色，美观大方。果实黄色，开裂后露出鲜红的种子，使人有秋实喜悦和季节变换之感。

园林应用

在园林应用中颇具野趣，可供攀附花棚、绿廊或缠绕老树，适用于湖畔、溪边、坡地、林缘及假山、石隙等处，偶尔也用于地被。

薯蓣

别名：怀山药、长芋

科属名：薯蓣科薯蓣属

学名：*Dioscorea opposita*

黄独

形态特征

落叶多年生草本。茎长可达 3m，左旋缠绕，地下茎肉质肥厚，垂直生长，长可达 1m，生多数细根。单叶对生或 3 叶轮生，偶互生，叶三角形至三角状狭卵形，基部耳状膨大，纸质，常 3 浅裂；叶柄细长，叶腋常生珠芽。雌雄异株，花小，黄绿色，常形成穗状花序，雄花序直立，雌花序下垂。蒴果具 3 翅，通常背白粉。种子扁平，周围具膜状翅。花期 6~7 月，果期 8~9 月。具有作为食用的栽培品种，主要有黄独（*D. bulbifera*）。

适应地区

我国华北、西北地区及长江流域均有分布，野生或栽培。

生物特性

喜日光充足的环境，对疏阴环境稍有耐性。喜湿润的气候和微潮偏干的土壤，忌湿涝，否则会导致植株烂根。喜温暖，生长适温为 20~28℃，对寒冷有较强的耐受能力，地下茎可耐 -15℃的低温。对土壤的适应能力强。

繁殖栽培

常采用种子、块茎、根颈、珠芽等部位进行繁殖。播种可于第二年春天进行。根颈繁殖，秋季收获块茎，将根颈截下，春季扦插。珠芽繁殖，秋天采收珠芽，沙藏越冬，春季直播即可。栽培土质宜选用疏松、肥沃的砂质壤土，排水、日照条件需良好。生长旺盛阶段应保证水分的供应，进入雨季后，需注意排涝。对肥料的需求较多，定植时最好施用基肥。霜冻后，枝蔓开始枯萎，在北方稍加覆盖即可越冬。生长过程中会被根腐病、炭疽病所危害，会遭到根结线虫、山药叶蜂等侵害。

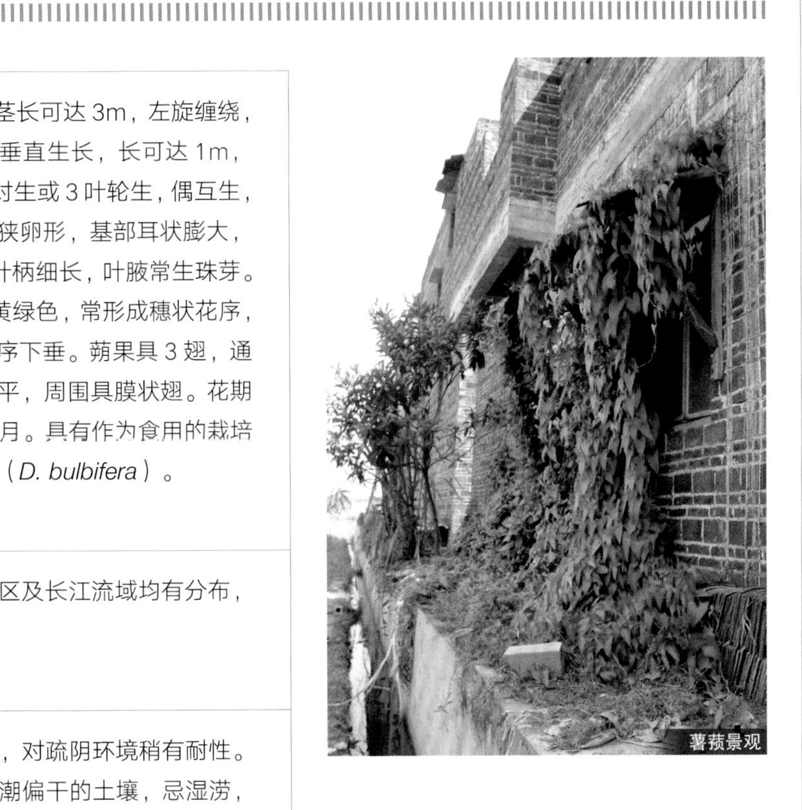
薯蓣景观

景观特征

植株生长旺盛，枝蔓缠绕生长，叶片茂密，叶形有三角形、三角状狭卵形，叶缘圆润美观，青绿色，待其结果之时，果序挂于藤上，经久不落，整株给人以简单、实在之感。

园林应用

株形优美，是少见的单子叶攀援草本。可用于庭院、小区等处的篱栏、棚架装点，也可用于公园、景区的墙垣、镂空墙体、阴廊攀爬，或用于榆、槐、枫等大树缠绕，还可用于阳台遮阴。

天珠

别名：杜虹花、紫珠草、台湾紫珠
科属名：马鞭草科紫珠属
学名：*Callicarpa formosana*

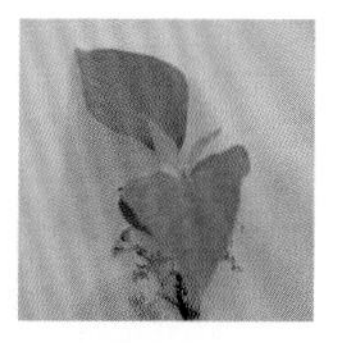
天珠花序和叶片 ▷

形态特征

落叶灌木，高 1~3m。小枝、叶柄和花序均密被灰黄色星状毛。叶对生，叶片纸质，卵状椭圆形或椭圆形，边缘有细锯齿。聚伞花序腋生，4~5 次分歧；花冠淡紫色。果实近球形，紫色。花期 6~7 月，果期 9~11 月。变种有长叶杜虹花（var. *longifolia*）、六龟粗糠树（var. *glabrata*）。

适应地区

产于我国浙江、江西、福建、台湾、广东、广西、云南。生于海拔 600m 以下的山坡、沟谷灌丛中。

生物特性

生性强健，喜光，较耐阴、抗湿，耐贫瘠，是水土保持和绿篱的极佳植物。抗中度污染。喜温暖至高温、多湿，生育适温为20~30℃。

天珠造型

天珠的果序

繁殖栽培

种子繁殖。春、秋季为播种适期，可点播，也可撒播育苗。管理可粗放。栽培土质以肥沃的砂质壤土为佳，排水、日照需良好。肥料需求中等，可经常施薄肥以维持其生长势。对水分需求较多，生育盛期要保证充足的水分供应。

景观特征

叶姿、叶色雅逸，淡紫色的花典雅端庄，果实浑圆可爱，列植为绿篱清新亮丽，是很好的立体绿化材料。

园林应用

花果艳丽，挂果期长，适宜园林栽培观赏，可用于房顶墙面垂挂美化、城市立交边缘绿化。可做绿篱，做大型盆栽效果也很好，果枝还是高级的插花材料。叶供药用，治疮疖、痈肿及各种内外伤出血。

南五味子

别名：红木香、紫金藤
科属名：五味子科南五味子属
学名：*Kadsura longepedunculata*

南五味子枝叶特写

形态特征

常绿木质藤本。茎长可达 4m 以上，全株无毛，老茎有较厚的栓质树皮。单叶互生，革质，叶片椭圆形，边缘有疏齿。花单性，雌雄异株，单生叶腋，杯状，淡黄色，芳香，花梗细长。聚合果近球形，深红色，肉质，垂悬于可长达 17cm 的果梗上。花期 5~8 月，果熟 8~11 月。

南五味子景观

适应地区

产于我国长江流域以南各地。

生物特性

喜疏阴至半阴的环境，不耐强光直射。喜湿润的气候和较潮的土壤，对干旱稍有耐性，不耐湿涝。喜温暖的环境，生长适温为 13~26℃，对寒冷的耐受性不强。对土壤的要求不严，有较强的适应能力，在酸性至中性的土壤中均能生长良好。

繁殖栽培

以播种繁殖为主，宜在翌年春、秋两季进行。也可采用扦插和压条的方法。在生长期内应加强水肥管理，随时修剪。注意防治根腐病、根结线虫、狭口炎盾蚧等病虫害。植株长势旺盛，管理粗放。

景观特征

株形美观，枝繁叶茂，花朵小巧而秀美，花色淡黄而柔和，芬芳宜人，果实深红色、下垂，鲜艳而醒目，给人以清新宜人之感。

园林应用

是花、果、叶皆可观赏的优良攀援植物，可用于景点、游览区等处攀附篱垣、阴湿的岩石和假山、花格墙来装饰，或用于家居、庭院、小区的花架、墙面、绿廊美化，也可使其缠绕于松、枫等大树上，以形成自然野趣风景。

*** 园林造景功能相近的植物 ***

中文名	学名	形态特征	园林应用	适应地区
异形叶南五味子	*Kadsura heteroclita*	小枝黑色。叶卵圆形；叶柄无翅	同南五味子	产于湖南、贵州、云南、广东及广西
黑老虎	*K. coccinea*	叶厚革质，常全缘。花梗短于 3cm	同南五味子	产于重庆、四川、江西、云南、广东等地

红蝉花

别名：红花文藤、双腺花
科属名：夹竹桃科双腺藤属
学名：*Mandevilla sanderi*

红蝉花特写 ▷

形态特征

常绿半蔓性小灌木，高 20~40cm。全株具白色汁液，嫩枝被毛。叶片椭圆形，两面光滑无毛，革质，叶面暗绿色，富有光泽。花冠漏斗形，5 裂，裂片基部彼此叠生，桃红色花，花管膨大呈鲜黄色，圆锥花序，花萼白色。花期一般集中在夏、秋季，在温度适宜的地方可常年开花。品种有深红色花（cv. Red Riding Hood）；白色花（cv. Summer Snow），花瓣大，长 8~10cm，叶色深绿，光滑；亮黄色花（cv. Yellow），植株灌木状，适合吊篮栽培。另外还有深红色花（cv. Dipladenia Cerisc）、红色花（cv. Dipladenia Dark）、白色花（cv. Dipladenia Lelle）等品种。

适应地区

原产于巴西，现世界各地有栽培，我国台湾、广东等地有引种。

生物特性

喜温暖，耐高温，生育适温为 22~28℃，冬季需温暖避风。全日照或半日照均可，阳光越多则开花越旺，夏季酷热宜遮阴。较高的空气湿度有利于植株生长，特别是形成花芽和开花时，对植株适量喷雾有利于开花。

繁殖栽培

可用播种、扦插法繁殖。扦插是其最常见的繁殖方法，通常在晚春或初夏选取半木质化的枝条，一般一个节间用做一个插穗，要 1 个月以上才生根。蘸用生根剂可加速生根。栽培以肥沃的砂质壤土最佳。病虫害一般比较少，常见的病害主要是根腐病，虫害有白粉虱、蚜虫和红蜘蛛。打顶有助于保持植株的灌木状，促进分枝，使植株更丰满。

金香藤景观

景观特征

叶色光滑亮丽，花姿、花色娇柔艳丽，垂直绿化造景既显大气，又觉素雅，观赏效果也佳。

园林应用

可用于庭院小型垂直绿化和丛植造景，由于蔓性弱，不适合做大型棚架绿化造景植物。可做盆栽，但需要在盆内搭建支架，支架根据需要可搭成圆锥形、“井”字形、球形，全随己愿，也可盆栽垂吊。

*** 园林造景功能相近的植物 ***

中文名	学名	形态特征	园林应用	适应地区
金香藤	*Urechites lutea*	常绿缠绕藤本。叶对生，椭圆形，先端圆或微突。花腋生，漏斗状，黄色	同红蝉花	我国热带、亚热带地区

红纹藤

别名：红皱藤、飘香藤
科属名：夹竹桃科双腺藤属
学名：*Mandevilla × amoena*

红纹藤花特写

形态特征

常绿蔓性藤本。茎具缠绕性，有白色汁液。叶对生，长椭圆形或长卵状椭圆形，先端急尖，革质，全缘，叶面、叶脉下陷，使叶面皱褶，叶色浓绿富光泽。花腋生，花冠漏斗状，上部 5 裂，裂片尖端向一侧歪曲，5 裂片排列有如风车状；花红色或桃红色，春至秋季开花。蓇果。本种为杂交种，常见品种为爱丽丝之桥（cv. Allice du Pont）。

适应地区

我国台湾等地有栽培。

生物特性

喜高温、高湿，生育适温为 22~30℃，耐寒性差，冬季需温暖避风。全日照或半日照均可，光线太差则开花不良，夏季酷热宜遮阴。较高的空气湿度有利于植株生长，特别是形成花芽和开花时，对植株适量喷雾有利于开花。

红纹藤景观

红纹藤景观

繁殖栽培

扦插是其最常见的繁殖方法，通常在晚春或初夏选取半木质化的枝条做插穗，蘸用生根剂可加速生根。栽培土质以腐殖质土或砂质壤土最佳，排水、光照需良好。花期长，在生长盛期每月追肥一次。花后应修剪整枝，老枝春季需进行强剪。可摘除植株的顶芽，促进多分枝，使植株更丰满。病虫害少。

景观特征

叶色浓绿而富有光泽，花朵艳丽如桃花，花冠漏斗形，上部裂片风车状，花姿娇柔优美。红花绿叶相互映衬，相得益彰，清新而亮丽，是一种优良的园林花卉。

园林应用

花姿、花形娇柔艳丽，非常适合盆栽，可用来布置房前屋后。可种植在栅栏旁边，使其倚栏而上做攀篱，观赏效果好，还适合花架美化。由于其蔓性不强，不适合作大型阴棚栽植。

大花老鸦嘴

别名：大邓伯、孟加拉右旋藤
科属名：爵床科山牵牛属
学名：*Thunbergia grandiflora*

形态特征

常绿至半落叶木质藤本。老藤茎干表面鼓突状，茎枝右旋，嫩枝和叶两面均被粗毛。叶对生，无托叶，广心形至阔卵形，叶缘角状浅裂类似瓜叶，叶面绿色，叶背浅绿色，厚纸质，叶基有掌状脉 7~9 出。花单生或总状花序，花冠蓝或淡紫色，喉部淡黄色。蒴果下部近球形，上部具长喙。花期 6~10 月，果期 8~12 月。

适应地区

热带、亚热带地区广泛栽培，我国华南地区有露地栽培。

生物特性

日照充足则开花多而鲜艳，耐阴的能力不强。喜湿润气候和湿润的土壤，忌水渍。喜温暖的环境，对寒冷的耐受性差，在 18~28℃的

大花老鸦嘴枝蔓

大花老鸦嘴景观

大花老鸦嘴花和叶

温度范围内生长较好。在土质湿润、排水良好的避风处生长旺盛。

繁殖栽培

常采用根茎扦插或分株法来进行繁殖，春、夏两季为适期。也可采用播种、压条的方法进行繁殖。栽培土质以肥沃、富含腐殖质的壤土或砂质壤土为佳，排水、日照需良好。对肥料的需求较多，定植时可施用基肥，生长旺盛阶段适当追肥。冬季到早春应修剪整枝，并随时剪除地面钻出的新嫩枝芽，如果是以观花为目的，最好酌量剪除枝叶，保持通风和采光，以利开花。病虫害较少。

景观特征

枝蔓繁茂，形态美观，叶片青翠，成形后叶密阴浓，在炎夏提供一片纳凉之地，其花颜色淡蓝，有清凉之感。

樟叶老鸦嘴

园林应用

生长迅速，覆盖能力强，适合用于庭院中蔓篱、阴棚美化，或用于公园、游园中花廊、棚架或墙体处装点，还适宜装饰主干道两侧土石场坡面和石壁垂直绿化、水土保持等。

黄花老鸦嘴

黄花老鸦嘴景观

鲜红龙吐珠

别名：美丽龙吐珠
科属名：马鞭草科桢桐属
学名：*Clerodendrum splendens*

形态特征

常绿木质藤本。茎枝灰绿色，可长达 8m 以上。叶对生，卵圆形、卵状椭圆形或长圆形，叶色浓绿，先端锐或突尖，叶脉明显，全缘。小花数朵组成聚伞花序，萼片和花冠均为猩红色，萼片持久不凋，花冠 5 裂，管状，径约 2.5cm。花期为冬季持续至翌年的夏季。

适应地区

现我国福建、广东、台湾和海南等地有应用。

生物特性

喜阳光充足的环境，对阴蔽环境的耐受能力较强。喜湿润的气候和湿润偏干的土壤，对干旱的耐受能力不强。喜温暖的环境，不耐霜冻，生育适温为 15~30℃。

鲜红龙吐珠景观

繁殖栽培

一般以播种和扦插法繁殖为主。扦插多在春、秋季进行，剪中熟长 2~4 节的枝条，约经 40 天即可发根成苗。发育旺盛时可每隔 1~2 月施肥一次，各种有机肥或复合肥均可。花后将残花连同枝条剪除再施以水肥，可促再开花。老化植株可于早春 2~3 月实施强剪，将枝条大半剪除，剪后需追肥。

鲜红龙吐珠景观

景观特征

株形较大，枝蔓柔软，枝繁叶茂，叶色深绿，叶形朴素而有质感。小花管状，团团锦簇，颜色鲜艳，花形美观大方，开花持续时间长，给人以轻松活跃、喜庆之感。

园林应用

是一种适合在南方种植的绿化植物，可用于庭院、家居中的篱墙、棚架美化，也可用于公园、风景区等处的花廊、花架、栅栏作装点，还可用于小区阴棚绿化。

鲜红龙吐珠花序特写

鲜红龙吐珠景观

鲜红龙吐珠景观

红花龙吐珠

别名：麒麟吐珠
科属名：马鞭草科桢桐属
学名：*Clerodendrum speciosum*

形态特征

常绿灌木状小藤本，高 0.5~5m。茎 4 棱，质地柔软。叶对生，长卵形。聚伞花序着生于枝条上部叶腋中，花长 5~6cm，裂片白色或红色，花冠管状，裂片 5 枚，鲜红色，雄蕊伸出花冠之外。花期 5~10 月。

适应地区

原产于非洲西部热带地区。

生物特性

喜阳光充足的环境，对阴蔽的耐受性较强。喜湿润的气候和土壤，不耐干旱。喜温暖的环境，生育适温为 10~28℃。

繁殖栽培

分株繁殖一般于早春进行；扦插可在秋季进行，用当年生成熟枝条剪成长 8~10cm 的插穗，保持湿度，在 20~25℃的条件下约 30 天即可生根。栽培土质以肥沃、疏松的砂质壤土为宜，排水、日照需良好。可每隔 3 周施一次有机肥或复合肥，开花期间可追施一次稀薄的液肥。华南地区可露地越冬。

景观特征

株形美观，藤蔓修长，枝条柔软，叶片颜色深，较稀疏，花形秀美，红色花冠突出于白色花萼管之外，犹如蟠龙吐珠，盛花时节，红花绿叶甚是壮观，给人以红火之感。

红花龙吐珠

红花龙吐珠景观

园林应用

是一种优良的热带垂直绿化植物，可用于庭院、花园中的花架、棚架、矮墙绿化，或用于公园、游园中花廊、花篱、栅栏等美化，也可用于公共设施周围垂直绿化装点。

＊园林造景功能相近的植物＊

中文名	学名	形态特征	园林应用	适应地区
龙吐珠	*Clerodendrum thomsonae*	木质藤本。茎 4 棱。叶对生，叶片矩圆状卵形或卵形。聚伞花序，萼片白色，花冠鲜红色	同红花龙吐珠	同红花龙吐珠

红花龙吐珠景观

龙吐珠花序

龙吐珠景观

多花素馨

别名：鸡爪花、狗牙花
科属名：木犀科素馨属
学名：*Jasminum polyanthum*

形态特征

木质藤本，高可达 10m。小枝无毛。叶羽状深裂或为 5~7 小叶的复叶，叶片纸质，两面无毛或背面脉间有毛丛；顶生小叶明显大于侧生小叶，披针形至狭卵形，小叶片均具明显基出脉 3 条。圆锥花序及总状花序顶生及腋生，花多，常 5~50 朵，极芳香；花蕾红色，开后转为白色。果近球形。花期 2~8 月，果熟期 11 月。

适应地区

产于四川、云南、贵州，生于海拔 1400~3000m 的山谷、灌丛及疏林内。

多花素馨营养枝条

多花素馨景观

多花素馨花序

多花素馨景观

多花素馨景观

生物特性

喜温暖向阳和排水良好、肥沃、湿润的壤土，阴暗会生育不良。喜多湿，忌干旱，萌发力很强，防止土壤过分积水或干旱。适应能力较强，不耐寒，生育适温为15~25℃。

繁殖栽培

可扦插、压条、分株繁殖，春、秋季为适期。扦插选当年生或两年生稍木质化枝条做插穗，压条时，压条处要环割树皮，极易成苗。栽培土质以肥沃、保水力强的壤土或砂质壤土为佳，排水需良好。追肥每2个月一次。当蔓状的枝条伸长后，应设立支柱加以扶持，避免倒伏。花期过后要修剪整枝一次，采用强剪，隔年生育会更旺盛。

景观特征

是一种极美丽的立体景观植物。其枝蔓蔓长且细密，给人一种生机蓬勃的感觉。花极具观赏性，花蕾时红色，开花后花瓣纯白，花冠管粉红色，而且小花极多，种植于墙垣或栅栏，鲜花绿叶一片片，赏心悦目。

园林应用

叶丛翠绿，花色素雅馨香，适于棚架、高篱及屋角攀援，是南方地区理想的庭院绿化植物。在堂前、门首、阳台、窗前进行俯垂配置，效果极佳。在小型别墅、楼房有外下水管的地方种植，既能遮住不雅观的水管，又能美化墙壁，是人们喜爱的绿化植物之一。

*** 园林造景功能相近的植物 ***

中文名	学名	形态特征	园林应用	适应地区
素方花	*Jasminum officinale*	半常绿。小枝细而有棱角，无毛。羽状复叶对生，小叶卵形至披针形，先端尖锐。花白色，芳香	南方地区广泛用于垂直绿化，北方可盆栽欣赏	世界各地广泛栽培

鸡矢藤

别名：鸡屎藤、牛皮冻
科属名：茜草科鸡矢藤属
学名：*Paederia scandens*

形态特征

多年生草质藤本。茎无毛或稍有微毛，基部木质化，揉碎有臭味。叶片形状和大小变异很大，宽卵形至披针形，顶端渐尖，基部楔形、圆形至心形，表面无毛或沿叶脉有毛，背面有短柔毛；托叶早落。聚伞花序在主轴上对称着生，组成大型的圆锥花丛；花萼钟状，萼齿三角形；花冠筒外面灰白色，内面紫红色，有茸毛；雄蕊 5 枚，花丝与花冠筒贴合；花柱 2 枚，基部连合。果实球形，熟时淡黄色，光亮。花期 8 月，果期 9~10 月。常见的一变种为毛鸡矢藤（var.*tomentosa*），茎和叶两面满布短茸毛。

鸡矢藤果枝

适应地区

广泛分布于长江流域及以南各地区。

生物特性

生性强健，喜阳光充足的环境，对阴蔽有一定的耐受性。喜温暖至高温的气候，生育适温为 20~30℃。喜湿润，可耐一定程度的干旱。对土壤要求不严，但以肥沃的腐殖质壤土和砂质壤土生长较好。

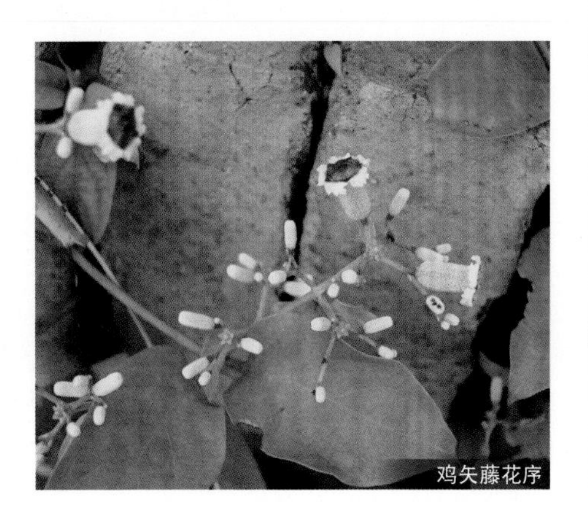
鸡矢藤花序

繁殖栽培

可用播种或扦插法繁殖，但以播种为主，春至秋季为适期。栽培土质不拘，但以肥沃、疏松的砂质壤土为宜，排水、日照需良好。生长旺盛阶段要保证水分的供应；每隔 1~2 月追施一次有机肥或复合肥，即可保证生育旺盛。每年春季需修剪整枝一次。

景观特征

攀援向上，枝繁叶茂，叶形变异颇大，其小小的钟形花外白内深紫或紫红，很是美丽。盛花期朵朵绽放的花铃小巧玲珑，疏密有致，是不可多得的乡土藤蔓植物。

园林应用

花繁叶茂，适用于庭院、花园棚架和篱栏缠绕，或用于公园、景区花台、乱石、假山等处作装点，还可用于老树、竹子、灌丛攀爬。

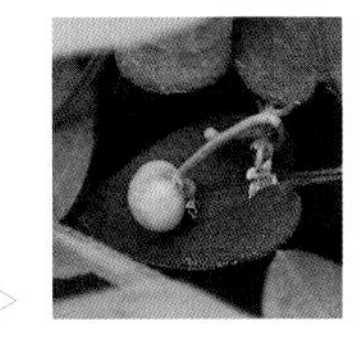

茜草枝叶、果特写

*** 园林造景功能相近的植物 ***

中文名	学名	形态特征	园林应用	适应地区
云南鸡矢藤	*Paederia yunnanensis*	茎被短柔毛。叶卵形至阔卵形，长 6~12cm。花序宽大，多花，花紫色而密集	同鸡矢藤	产于贵州、云南及广西
茜草	*Rubia cordifolia*	草质藤本，植株小型，长 30~50cm。叶 4 片轮生，卵形，基部心形，5 出叶脉。花小，白色	同鸡矢藤	产于长江流域地区，常野生

鸡矢藤景观

鸡矢藤景观

茜草景观

使君子

别名：冬均子、五棱子、四君子
科属名：使君子科使君子属
学名：*Quisqualis indica*

形态特征

常绿或落叶藤本。缠绕生长，枝蔓长达10m，小枝有黄褐色柔毛。单叶对生，卵形或椭圆形，先端渐尖，基部圆钝，全缘，革质，背有短柔毛，具短柄；叶落后叶柄木质化，存留枝上成刺。穗状花序，顶生，花冠筒细长，花初开时白色，后渐变为紫红色，具香气，雄蕊10枚，子房下位。果实橄榄形，具5锐棱，黑褐色，革质。花期5~10月，我国华南地区可四季开放，果期8~12月。

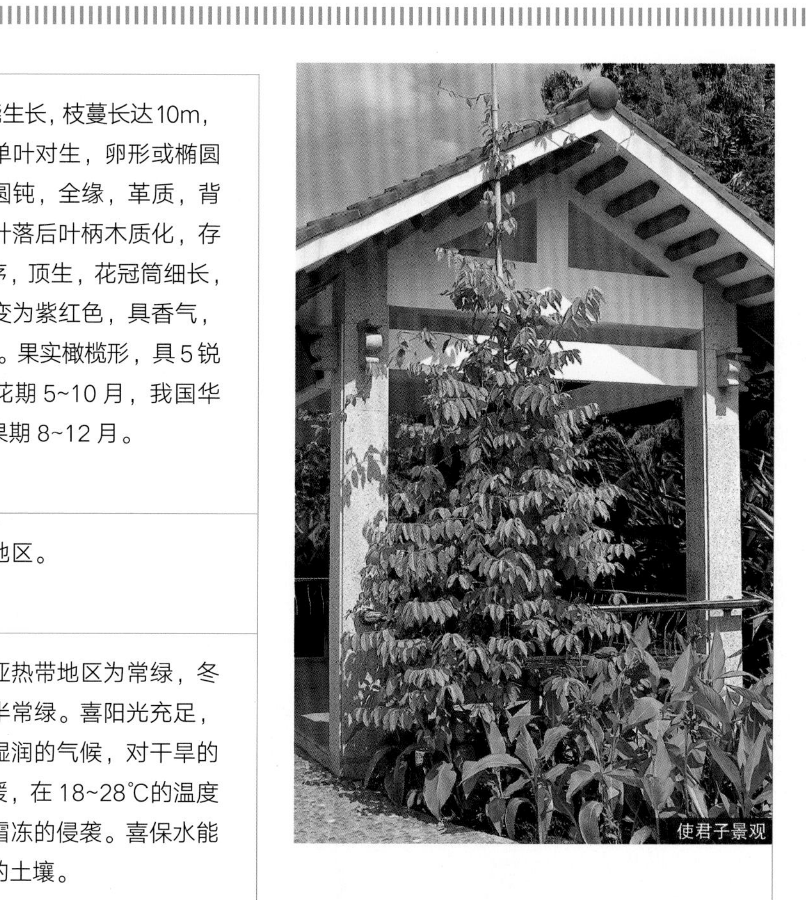

使君子景观

适应地区

主要分布在长江以南地区。

生物特性

在华南地区和云南等亚热带地区为常绿，冬季较冷地区为落叶或半常绿。喜阳光充足，稍耐疏阴的环境。喜湿润的气候，对干旱的耐受能力不强。喜温暖，在18~28℃的温度范围内生长良好，怕霜冻的侵袭。喜保水能力强、肥沃、微酸性的土壤。

繁殖栽培

可用播种、扦插、分株、压条的方法繁殖。播种于8~9月果熟后，随采随播；扦插用根插和枝插均可；压条宜选用1~2年生的枝条，于春季进行；分株常于冬末春初进行。栽培土质宜选用富含腐殖质、微酸性、保水能力较强的砂质壤土，日照条件须良好。生长期间需保持土壤湿润，但不要有积水。每天接受不少于4小时的日照。需肥较多，定植时可施用基肥，以后每隔2~3周追施一次肥料。耐修剪，每年在入冬后应进行整形修剪，越冬温度不宜低于5℃。

景观特征

株形柔美，叶片茂密，花序多花，花大，花色艳丽纷呈，加之花香扑鼻，整株给人以优雅动人之感。《花镜》称其“一簇一二十花，初淡红，久则深红，色轻盈若海棠，若架置之，蔓延似锦”。

园林应用

是一种良好的垂直绿化材料，可用于公园、景区等处的花廊、墙垣、格架、山石、老树点缀，或用于庭院、私家花园美化，也可用在家居、办公环境的阳台或窗台装饰。

使君子花序

使君子景观

使君子景观

使君子景观

使君子景观

使君子景观

使君子景观

王妃藤

别名：掌叶牵牛
科属名：旋花科牵牛属
学名：*Ipomoea horsfalliae*

王妃藤花

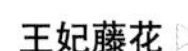

形态特征

多年生常绿蔓性藤本。茎呈蔓性，深褐色，缠绕性。叶互生，掌状深裂呈复叶状，小叶3~5片，其中下叶片最大，长椭圆形至披针形，革质，先端渐尖。花腋生，花冠筒细长，花冠喇叭状，先端5裂，鲜红色或粉紫色；春至秋季开花。蒴果，圆球形，熟时4瓣裂，初始绿色，熟后褐色。种子形状不规则，坚硬，光滑，深褐色。

适应地区

原产于西印度群岛。

生物特性

性健壮，喜温湿气候，好阳光，但也能耐半阴。不耐寒，忌霜冻，生育适温为23~32℃。不择土壤，即使在干旱、瘠薄之地也能较好生长，有自播繁衍的能力。

繁殖栽培

播种或扦插法繁殖，春至夏季为适期。可直接将种子播于棚架、篱栏旁边，只要温度、湿度适宜，沾土即可发芽。栽培土质以疏松、湿润的壤土或砂质壤土为佳，排水需良好，日照要充足，日照不足则开花不良。发芽出苗后要及早搭设棚架，以便其缠绕生长。每年早春整枝一次，促使萌发新茎叶。花期长，春至秋季施肥3~4次，生长期水、肥好则花大色艳。

王妃藤花、叶特写

王妃藤花、叶特写

景观特征

叶姿独特，花色艳丽，花姿优雅，用于棚架绿化、美化，能够给人十分深刻的印象。将其盆栽装点阳台、窗台，令其倚架而上，能给环境带来与众不同的感觉。

园林应用

花姿红焰悦目，花期长，用来覆盖墙垣、竹篱、临时小棚架或阳台都很好，适于庭院小花架、围墙或栅栏美化。可盆栽，也可地栽，阳台上可用木箱、木槽盛土栽植，以铅丝、绳索作为牵引物，任其缠绕。

五爪金龙

别名：槭叶牵牛、五齿苓、番仔藤
科属名：旋花科番薯属
学名：*Ipomoea cairica*

形态特征

多年生缠绕草本。茎灰绿色，长达 1.8m，常有小瘤状凸起，老茎半木质化，全株无毛。叶互生，具 2~4cm 的长柄，掌状 5 深裂，裂片椭圆状披针形，全缘。花单生，或数朵排成腋生或簇生的聚伞花序，萼片 5 裂，花冠漏斗状，淡紫色。蒴果近球形。种子密被褐色毛。花期可达全年，果期也可达全年。

五爪金龙叶特写

适应地区

我国长江流域和华南地区以及福建、云南常见栽培或逸为野生。

生物特性

喜阳光充足的环境，可耐半阴。喜温暖的气候，在18~28℃温度范围内生长良好。喜微潮偏干的环境，稍耐干旱。对土壤的要求不严，但在湿润、肥沃、疏松的土壤中长势旺盛。

繁殖栽培

通常采用播种的方法繁殖，宜在每年 3~5 月进行。也可通过扦插和压条的方法，一般在春季或雨季取 1~2 年生的成熟枝条进行。栽培土质以疏松、肥沃的砂质壤土为宜，排水、日照须良好。对肥料的需求较多，定植时需施基肥，此后可每隔 2~3 周追肥一次。生长期间会受到白粉病的危害和蚜虫的侵袭，应及早防治。

景观特征

株形缠绕，枝蔓轻柔，叶片繁茂，花朵秀美如喇叭，淡紫色，文静而淡雅，整株的枝、花、叶相互配合、相互衬托，给人以优雅而又不失趣味之感。

园林应用

覆盖性较强，又是多年生，是值得在南方地区大力推广和应用的一种植物。可用于庭院棚架、篱栅、矮墙装饰，也可用于公园或小区的花窗、走道、绿廊、树木作绿化，或用于家居、办公场合的窗台、阳台、墙面美化。

*** 园林造景功能相近的植物 ***

中文名	学名	形态特征	园林应用	适应地区
七爪龙	*Ipomoea digitata*	叶指状 5~7 裂，裂片披针形。花冠宽钟状，基部有一短筒与花萼等长或稍长。种子被黄褐色毛	同五爪金龙	同五爪金龙

五爪金龙花特写

五爪金龙景观

五爪金龙景观

五爪金龙景观

牵牛

别名：喇叭花、草金铃、大花牵牛
科属名：旋花科牵牛属
学名：*Pharbitis nil*

形态特征

一年生缠绕草本。全株被糙毛。茎长可达10m，向左旋缠绕。叶互生，阔卵状心形，长8~15cm，呈3裂，形似戟状，基部心形，中间裂片长大。单花腋生，花大，直径可达5cm以上，花冠喇叭形，边缘常呈皱褶或波浪状，具白、粉、红、堇、蓝紫、紫红等色。蒴果球形。种子黄色或黑色。花期6~9月，果期7~10月。具有不同花色的品种，常见栽培的是杂交牵牛（*P. hybrida*）。

适应地区

我国各地均有栽培。

生物特性

喜充足的日光直射，稍耐半阴。喜温暖的气候，对寒冷的耐受性差，怕霜冻，生长适温为16~30℃。喜微潮偏干的环境，不耐湿涝。有耐瘠薄的特性，还可耐盐碱，但在湿润、肥沃的土壤中生长旺盛。自播繁衍能力强。

繁殖栽培

一般通过播种的方法繁殖，可在每年4~5月进行，由于幼苗不耐移植，因此通常采用直播的方法。对土壤适应性较强，但以富含腐殖质的砂质壤土为宜，排水、日照条件需良好。生长前期应适当控制水，以促根系发育。

牵牛景观

保证植株每天接受不少于4小时的日照。定植时可不施基肥，春、夏两季可每隔2~3周追肥一次。会遭受褐斑病的危害，需及早防治。

景观特征

株形蔓状，具有“柔条长百尺，秀萼包千叶”的景观效果。一朵朵小喇叭似的花朵清雅秀丽，由春夏至金秋于晨曦开放，招展枝头，其卷曲的花蕾与游藤枝蔓的缠绕，呈现逆时针走向。

＊园林造景功能相近的植物＊

中文名	学名	形态特征	园林应用	适应地区
圆叶牵牛	*Pharbitis purpurea*	叶阔心脏形，全缘。花1~5朵腋生，径5~7cm	同牵牛	同牵牛
锐叶牵牛	*P. acominata*	多年生草本。叶心形或卵形，3裂。花紫蓝色或紫红色	同牵牛	同牵牛

杂交牵牛花

圆叶牵牛坡地景观

园林应用

适应性强，栽培容易，是城乡常见的观赏植物，可用于庭院中竹篱、栅栏、棚架美化，或用于公园、游乐园等处修饰。若以绳线牵引装点阳台、窗台，效果也佳。又可盆栽为丛状株形，或植为地被，还可扎制各种人工造型，任其缠绕攀援。

牵牛花

锐叶牵牛花

木玫瑰鱼黄草

别名：姬旋花、木玫瑰、块茎牵牛花
科属名：旋花科鱼黄草属
学名：*Merremia tuberosa*

形态特征

缠绕蔓性藤本。有汁液，汁液有毒。叶互生，掌状深裂，裂片7片，先端尖，阔披针形，纸质，叶面叶脉下陷。花顶生，花冠漏斗状，合瓣花，鲜黄色。花期夏至秋季。花后能结蒴果，果未熟前绿色，形似倒转的陀螺，成熟后木质化，开裂，形似一朵干燥的玫瑰花，故名木玫瑰。种子黑褐色，密被细毛，径约2cm。

木玫瑰鱼黄草景观

适应地区

现世界各地有引种栽培。

生物特性

蔓延力极强，生育中的枝条在24小时内可伸长约30cm，枝条向上生长、发育肥大，下垂则细小。喜高温，耐旱性强，耐寒力差，生育适温为22~32℃。栽培土质以肥沃的腐殖质壤土或砂质壤土为佳。

繁殖栽培

可用播种和扦插法繁殖。播种发芽适温为20~30℃，春至秋季为播种适期，种子播种前宜浸水一天软化，再刻伤。扦插则以成熟枝条做插穗。宜肥沃、疏松、排水良好的砂质壤土，光照及通风需良好。成长力强，在幼苗初期应准备搭设棚架。每年早春应整枝修剪一次，生育期水分宜充足，1~2个月施用追肥一次，成株寿命5~7年，老化后要更新栽植。蒴果于成熟后采收，置于通风处阴干，再供装饰或加工。

木玫瑰鱼黄草花、叶特写

景观特征

花呈黄色，形似牵牛花，极为美丽高雅。平常都在早晨开花，如在晴天之下，花于中午即凋谢。如逢阴天，花朵盛开可维持至日落，花开花谢可达3个月。蒴果成熟前形同倒转的陀螺，成熟后则如干燥的玫瑰花，奇特别致。

园林应用

花色艳丽，果形奇特，适合庭院美化，用来布置花棚、花架，也适合用于屋顶遮阳，在花廊、蔓篱、墙垣种植。可做花坛及阴棚，盆栽种植效果也很好，还可做干燥花，是一种应用广泛的立体景观植物。

粉花凌霄

别名：馨崴、红心花、南天素馨
科属名：紫葳科粉花凌霄属
学名：*Podranea jasminoides*

粉花凌霄花特写

形态特征

常绿半蔓性灌木。奇数羽状复叶对生，小叶对生，5~9 片，长椭圆形至长圆状披针形，深绿色，两面光滑无毛，叶基圆形，基部中脉凹陷，先端渐尖，全缘；小叶排列整齐、均匀。圆锥花序，花冠漏斗状钟形，白色或淡粉色，喉部深粉色或深粉红色。蒴果长圆形，木质。种子具翅。花期春至夏季。栽培品种有白花（cv. Alba）、红花（cv. Rosea）、红心花（cv. Ensel）等，还有斑叶粉花凌霄（cv. Ensel-Variegata），叶面有乳白色或乳黄色斑块。

斑叶粉花凌霄景观

适应地区

我国广州、上海等城市有栽培。

生物特性

喜日光充足的环境，日照充足则开花频繁，稍耐阴。喜温暖、湿润气候，能耐轻霜，1 月份最低气温应为 4~10℃，生育适温为 18~28℃。忌积水，土壤长期过湿根部易腐烂。喜排水良好、疏松的砂质壤土。

斑叶粉花凌霄枝叶特写

繁殖栽培

用播种、扦插或压条法繁殖。对肥料的需求较多，生育旺期每隔 2~3 周追肥一次。寿命长，应设立永久性支架。梅雨季节要注意排水。冬季需温暖、避风，并修剪整枝。如管理良好，则不易患病。

景观特征

枝叶繁茂，覆盖力强，花大整齐，花姿清雅宜人，用来绿化环境不仅能产生很强的空间隔离感，还能够给观赏者以明显的色彩变化，很受喜爱。

园林应用

花大色艳，花期长，为庭院中棚架、花门的良好绿化材料。用以攀援墙根、枯树、石壁均极适宜，点缀于假山间隙，繁花似锦，十分动人，经修剪、整枝等栽培措施，可成灌木状栽培观赏。管理粗放，适应性强，是优良的城市垂直绿化材料。在北方温带地区只能作室内盆栽观赏。

茑萝

别名：新娘花、游龙草、五角星花
科属名：旋花科茑萝属
学名：*Quamoclit pennata*

形态特征

一年生缠绕草本。全株无毛，枝蔓长达 6~7m。茎细长，光滑，呈左旋缠绕。单叶互生，深绿色，羽状深裂，基部 2 裂片再次 2 裂。聚伞花序腋生，有花 1 至数朵，花冠高脚碟状，呈五角星形，深红色。蒴果卵圆形，有棱。种子长圆形，黑褐色。花期 7~10 月，果期 8~11 月。

适应地区

我国各地均有栽培。

生物特性

喜日照充足的环境，稍耐半阴。喜温暖的环境，怕霜冻，生长适温为 16~25℃。喜湿润的气候环境，怕湿涝。对土壤的要求不严，在疏松、肥沃的土壤上生长茂盛，即使在含有石灰质的土壤中也能很好地生长。

繁殖栽培

一般采用种子繁殖。可在每年 4~5 月进行，发芽适温为 20~25℃。直根性，地栽、盆栽均可，要立支架，以供攀援。排水须良好，不要过度干燥。需良好的日照，日照不足则生育不良，开花减少。对肥料要求不高，注意多施磷、钾肥，促进开花和使花色鲜艳。

景观特征

株形蓬松，枝蔓轻柔，叶片纤细形似羽毛，花序聚伞状，花瓣五角星形，深红色，翠绿

茑萝景观

茑萝景观

茑萝花、叶特写

*** 园林造景功能相近的植物 ***

中文名	学名	形态特征	园林应用	适应地区
槭叶茑萝	*Quamoclit soloteri*	为杂交品种。叶掌状分裂，裂片 5~7 片。花红色至深红色	同茑萝	同茑萝

的羽状叶衬以色彩鲜明的小花，给人以文静可爱之感，观赏效果极佳。

园林应用

攀援性强，是很受欢迎的垂直绿化材料。春、夏两季开花不绝，花色娇艳，最适合布置于庭院中做美化围篱和小型棚架，也可布置在阳台、窗台之上，又适于公园、游乐园的篱墙、垣、花墙作垂直绿化，还可用于花架、花窗、花门、花篱配置或盆栽观赏。

茑萝景观

茑萝景观

圆锥飞蛾藤

别名：圆锥翼蛾藤
科属名：旋花科飞蛾藤属
学名：*Porana paniculata*

形态特征

攀援灌木。茎密被灰色短茸毛。叶卵形，长4~9cm，宽2~6cm，先端锐尖，渐尖或具短细尖头，基部心形，叶面疏被短柔毛，背面稍密被短柔毛。圆锥花序腋生或顶生；花较小，多数；花冠漏斗状白色，冠檐浅裂或圆齿状，外面被短茸毛，内面无毛，或仅在裂片凹陷处具短茸毛束；雄蕊内藏，花丝近等长，与花药等长或稍短，着生于花冠基部约同一水平面。蒴果卵状球形。花期5~6月。

圆锥飞蛾藤景观

适应地区

分布于亚洲热带地区。

生物特性

喜温暖，适应热带、亚热带环境，越冬温度约10℃。喜阳光充足，适应全日照，也耐半阴。要求湿润的环境，也有一定的耐旱性。

繁殖栽培

主要采用播种繁殖，热带、亚热带地区冬、春季节均适宜播种。扦插在春季最佳，嫩枝、老枝均可。植株生长繁盛，旺盛生长季节注意整理和修剪突长枝和散乱枝。冬、春季节注意修剪清理枯枝、病枝。春季施用有机肥一次，其余季节不一定施肥。

圆锥飞蛾藤景观

景观特征

植株攀援向上，茎枝长而有毛茸，叶片繁茂，朵朵小花美观而自然，盛花时节，花朵簇簇活跃于绿叶之间，给人以回归自然之感。

园林应用

是一种观赏价值较高的绿化材料，可用于庭院、花园中花架、篱墙攀爬，或用于公园、名胜区等地作垂直绿化，也可用于公共设施处的篱栏、围栏点缀。

圆锥飞蛾藤果实特写

圆锥飞蛾藤景观

圆锥飞蛾藤景观

金银花

别名：忍冬、鸳鸯藤、二苞花
科属名：忍冬科忍冬属
学名：*Lonicera japonica*

形态特征

常绿或落叶缠绕藤本。枝蔓长达 9m，中空，右旋生长，幼枝红褐色，密生糙毛和茸毛。单叶对生，卵形或椭圆形，先端急尖或钝，基部圆形，全缘，纸质，至少幼时有毛。花成对腋生，花冠筒细长，初开为白色，后转为黄色，具芳香。浆果球形，黑色或蓝黑色。种子椭圆形或三角状卵形。花期 5~7 月，果期 9~11 月。栽培品种很多，常见的有黄脉金银花（cv. Aureo-reticulata），叶有黄色网纹；红金银花（cv. Chinensis），花冠外带红色；紫脉金银花（cv. Repens），叶脉紫色，花冠白色带紫晕；四季金银花（cv. Semperflorens），春至秋季陆续开花。

金银花枝叶特写

适应地区

广泛分布于南北各省区，野生或栽培。野生多生于丘陵、山岩、沟旁、灌丛、村边。

生物特性

适应性强，喜阳光充足的环境，对阴蔽有较强的耐性。喜湿润的气候，可耐一定程度的水湿，对干旱有较强的耐受能力。喜温暖，在 16~28℃的温度范围内生长良好，较耐寒冷，可耐受 -15℃的低温。不择土壤，但喜湿润、肥沃、深厚的土壤。

繁殖栽培

播种、扦插、压条、分株繁殖均可。播种于 10 月采种，翌年春播；扦插在春、夏季进行；压条在春至秋季均可进行；分株宜在春、秋季进行。栽培土质宜选用富含有机质、微酸或微碱性的壤土。需肥量较多，生长期间可每隔半个月施一次肥料。种苗长至 20~30cm 时进行摘心，以促发分枝。每年冬季还需进行整枝，除去过密和衰老的枝条。在夏季还应对徒长枝进行摘心，以促花芽分化。

景观特征

株形美观，藤蔓缠绕，翠叶成簇，花初放时洁白如银，数天后变为金黄色，新旧参差，一金一银似鸳鸯相互辉映，加之清香随风四溢，又得“花发金银满架香”的美赞，入冬仍再簇生新叶，“忍冬”不凋，令人神往。

园林应用

是一种常用的优良垂直绿化材料。适合用于公园、游园的篱垣、门架、花廊、假山、叠石绿化，也可用在庭院、家居的花架和阳台装饰。能吸收二氧化硫，故可在办公区、生活区、厂区等处应用，净化空气。

金银花花序特写

金银花景观

金银花景观

金银花景观

＊园林造景功能相近的植物＊

中文名	学名	形态特征	园林应用	适应地区
盘叶忍冬	*Lonicera tragophylla*	木质藤本。枝无毛，花序下方的 1~2 对叶的基部连合成圆形或近圆形的盘。花冠二唇状	同金银花	产于南北各省许多地区，喜冷凉
台尔曼忍冬	*L. tellmanniana*	落叶木质藤本。叶长圆形，花序下方的 1~2 对叶的基部连合成盘状。花冠二唇状，具细长管	同金银花	多应用于长江以北地区，喜冷凉

台尔曼忍冬花序和枝叶特写

台尔曼忍冬景观

台尔曼忍冬景观

文竹

别名：云片竹、松山草、芦笋山草、刺天冬
科属名：百合科天门冬属
学名：*Asparagus setaceus*

镰叶天门冬枝叶特写

形态特征

多年生直立或攀援性亚灌木状藤本，高可达3~4m。根稍肉质。茎丛生，柔滑细长，多分枝，有节，似竹，主茎节具倒三角形钩刺。叶状枝纤细，刚毛状，圆柱形，呈三角形水平斜展，形如绒绒的羽毛，长3~6mm，10~13枚簇生成片状。叶退化成抱茎的刺状鳞片，着生于叶状枝的基部，叶基部稍具刺状距或距不明显。总状花白绿色，两性，花被片长4~7mm，钟状展开，1~4朵腋生于分枝近顶部。花期4~5月或9~12月。浆果小球形。种子12月至翌年4月陆续成熟。

适应地区

我国各地都有栽培。

生物特性

喜温和湿润、通风、半阴的气候，不耐水渍或干旱，忌霜冻、闷热，忌强光直照，忌土壤板结。具有逆时针向光性生长的习性。喜富含腐殖质、疏松、肥沃、排水良好、不干不湿的中性或微酸性砂质壤土。长时间超过35℃或低于5℃，叶片会萎靡不振而变黄脱落，0℃以下会冻死，生长适温为15~28℃。

繁殖栽培

播种或分株繁殖。3~4月分批采取成熟种子浸水，24小时后播种，播后稍覆薄土，并浇透水，保持20~28℃和土壤湿润，约30天出芽，5~10cm高时移栽。分株宜春季进行，每株应具3~5个丛生枝。分株法繁殖的株形不如种子繁殖的株形美。及时搭架和修剪整形，尤其注意栽培土要求半干半湿，浇水做到不干不浇，浇则浇透。冬季要减少浇水，夏季注意遮阴、常向叶面喷雾，保持空气湿度。

文竹景观

景观特征

全株周年翠绿，似松、似竹、似云片，鲜绿清雅，袅娜多姿，极富诗情画意，且枝干有节，姿态文雅潇洒，柔中有刚，独具风韵，远观苍色如黛，近看密林如画，是垂直绿化的极好材料。

园林应用

终年碧绿，在热带地区可露地栽种，用以布置庭院，装点、攀生于篱栅或墙垣等处。温带、寒带地区可做温室垂直绿化的材料，地栽或盆栽观赏。栽培时注意利用其“向光性”，因势利导地加以造型。

第三章

卷须类藤蔓植物造景

造景功能

此类植物依靠特化的攀援器官（卷须）攀附延展，其延展的主动性和范围得到了一定的提高。根据卷须的起源和性质，主要类群可以分为花序卷须型、茎卷须型、小叶卷须型、托叶卷须型、叶尖钩卷型、叶柄卷须型等。

珊瑚藤

别名：凤冠、凤宝石、爱之藤、连理藤、红珊瑚
科属名：蓼科珊瑚藤属
学名：*Antigonon leptopus*

形态特征

多年生常绿攀援藤本植物。枝蔓长达 10m，块根肥厚。茎攀援生长，稍木质，有棱和卷须。单叶互生，具柄，叶柄棕红色；叶卵形或卵状三角形，基部心形，长 5~12cm，宽 4~5cm，先端渐尖，基部戟形或心形；幼叶黄绿色，具明显网脉，两面有棕褐色短柔毛。花序总状，顶生或腋生，花序轴部延伸变成卷须；小花淡红色或白色，有微香。瘦果圆锥形，能自播。花期 3~12 月。有白珊瑚藤（cv. Album）及重瓣等园艺品种。

珊瑚藤花序（白花）

适应地区

广东、广西等地庭园栽培或逸为野生。

生物特性

喜温暖、向阳、湿润、肥沃的酸性土壤。喜光照，也耐半阴，光照不足则开花明显减少。忌寒，气温 10℃以下时叶色变墨绿并开始出现轻微冻害，适宜冬季温暖、夏无酷暑的气候。

繁殖栽培

播种法繁殖，种子落地可自然成苗。扦插也较容易成活，多在每年 5~7 月进行。使用中上部的枝蔓做扦插材料，将枝条剪成长 12~15cm 的茎段，扦插于苗床即可。栽植地光照要充足，排水需良好，且要避开通风口。生长旺盛阶段要保持充足的水分供应。对肥料的需求量较大，定植时要埋基肥，生长旺盛期要追肥。生长到约 30cm 时注意牵引上架。生长旺盛期适当修剪。病虫害少，无须特别护理。

珊瑚藤（红花）

景观特征

叶色嫩绿可爱，叶姿独特，极具个性。一串串粉红色的花序立于枝蔓之上，隐于叶丛之中，且暗香微放，是观叶、赏花、闻香极好的藤蔓植物。

园林应用

花姿柔和、娇嫩且具微香，攀援性强，覆盖面大，用来美化庭院，能够使环境显得绿意浓浓，清新典雅。适于垂直绿化，可用于栅栏、篱垣、棚架或攀树绿化，也可用做切花。

珊瑚藤（红花）

珊瑚藤景观

珊瑚藤景观

珊瑚藤景观

铁线莲

别名：番莲、大花铁线莲
科属名：毛茛科铁线莲属
学名：*Clematis hybrida*

形态特征

草质或木质藤本。茎棕色或紫红色，长1~4m，具6条纵纹，节部膨大。2回三出复叶，对生，小叶狭卵形至披针形，全缘，脉纹不显。花单生于叶腋，具长花梗，中下部有一对叶状苞，花冠开展，径约5cm，有些园艺品种可达8cm；萼片4~8枚，白色，花瓣状，倒卵圆形至匙形；雄蕊多数，花丝宽线形，紫红色；雌蕊多数，结实较少。花期6~9月。根据杂交铁线莲的生长习性和开花期，品种大致分为3大组：铁线莲组，夏季在老枝上开花，花多白色，多为半常绿藤本；转子莲组，春季在老枝上开紫堇色或白色大花；杰克曼组，在当年枝头上开花，为落叶藤本。花紫堇色、紫红色、红色等。

适应地区

分布于我国各地，现广泛用做园林绿化植物。

生物特性

喜凉爽的环境，生长适温为12~30℃，一般可耐-20℃低温，某些种可耐-30℃低温。喜光，可耐阴。喜肥沃、排水良好的立地环境，忌积水或夏季极干而不能持水的土壤。

杂交铁线莲果实

杂交铁线莲花色

繁殖栽培

主要用扦插、压条和播种繁殖。扦插，6~7月选取长10~15cm的半成熟枝条，插于沙床，插后15~20天生根。压条，早春取上年成熟枝条，稍刻伤，埋土3~4cm，保持湿润。播种，秋季采种，冬季沙藏，翌年春播，播后3~4周发芽。春季栽植，施足基肥，排水要好。枝条较脆，易折断，定植后应设支架诱引，注意修剪。常发生粉霉病和病毒病，虫害有红蜘蛛、刺蛾，注意防治。

景观特征

高洁而美丽，花色丰富，主要有玫瑰红、粉红、紫色和白色等。夏季时节开放，绚丽的花、果总能吸引人们的目光，白色的清纯、紫色的端庄、玫瑰红的奔放、粉色的羞涩，素有“花神”之称。

园林应用

攀援墙篱、凉亭、花架、花柱、拱门等园林建筑，盆栽用来装饰阳台、窗台，能显示一派繁花似锦和高贵的景象。可做切花和地被。

杂交铁线莲各种花色

杂交铁线莲各种花色

杂交铁线莲景观

杂交铁线莲景观

杂交铁线莲景观

杂交铁线莲景观

白蔹

别名：五爪藤、猫儿卵、山地瓜
科属名：葡萄科蛇葡萄属
学名：*Ampelopsis japonica*

白蔹枝叶和卷须

形态特征

落叶藤本。茎多分枝，散生点状皮孔，幼枝略带淡紫色，无毛；块根粗厚，纺锤形或圆柱形。掌状复叶，小叶 3~5 片，一部分羽状分裂，一部分羽状缺刻，中间小叶最大，两侧者较小。聚伞花序与叶对生，花小，花萼 5 枚；花瓣 5 枚，淡黄色；雄蕊 5 枚；花盘杯状，边缘稍分裂。果实球形或肾形，熟时蓝色或白色，有针孔状凹点。花期 5~6 月，果熟期 9~10 月。

白蔹景观

适应地区

我国温带、亚热带地区适应栽培和造景。

生物特性

性强健，喜阳光充足的环境，稍耐阴蔽。喜温暖的环境，对寒冷的耐受性较强。喜湿润的气候，不耐湿涝。在肥沃、排水良好的土壤中生长旺盛。

白蔹果实

繁殖栽培

播种和扦插繁殖均可。冬季落叶，春季新芽萌发前进行修剪整形，生长旺盛的植株修剪病枝、枯枝，老弱植株可重剪。注意施肥，生长旺盛植株每年可在冬、春季施用有机肥。

景观特征

株形美观，叶片掌状分裂，形态别致。聚伞花序，由数朵小花组成，淡黄色，开花时节，朵朵小花点缀在绿叶之间，虽不十分壮观，但也给单纯的绿色增添了一份活跃的气氛。

园林应用

是园林造景常用的材料之一。可用于庭院、花园中的棚架、篱栏等处绿化，或用于公园、游园中装饰，也可用于小区或其他公共设施区内的矮墙、篱垣修饰。

香豌豆

别名：豌豆花、麝香豌豆
科属名：蝶形花科香豌豆属
学名：*Lathyrus odoratus*

形态特征

一、二年生缠绕蔓生草本。枝蔓长 2~3m，茎具翅。羽状复叶互生，先端 3~5 片小叶特化为卷须，小叶卵圆形，先端尖，有托叶。总状花序腋生，有花 2~5 朵，花大，蝶形，径约 2.5cm，翼瓣与龙骨瓣不相连，有白、粉、红、蓝、紫等色，具芳香。荚果矩形。种子球形。花期 5~6 月，果期 6~7 月。国外培育栽培品种较多，如宝石（cv. Bijon），高仅 45cm，植株丛生，不需支撑，花径 5cm；富翁（cv. Jet Set），花瓣边缘波状等。

豌豆景观

适应地区

现广泛栽培作观赏用。

生物特性

喜日照充足，每天接受日光直射时间不少于 6 小时，环境阴蔽则容易徒长。喜冬暖夏凉的湿润气候，不耐酷热，在 8~20℃的温度范围内生长良好。喜欢空气流通的环境，但忌干风吹袭。直根性，不耐移植，要求土壤深厚、高燥。对二氧化硫抗性弱，可做环境污染的指示植物。

繁殖栽培

播种法为主，适宜发芽温度约 20℃，南方可秋播，长江以北地区早春在温室用营养钵或纸袋育苗。也可扦插繁殖，用幼茎扦插，易生根、开花快，但寿命短。在定植时给植株施用腐熟鸡粪做基肥，生长旺盛阶段应勤

＊园林造景功能相近的植物＊

中文名	学名	形态特征	园林应用	适应地区
牧地香豌豆	*Lathyrus pratensis*	草本，高约 1m。发育小叶 2 片，顶端 1 片小叶变态为卷须。花黄色	同香豌豆	产于西北地区和四川、云南
茳芒香豌豆	*L. davidii*	多年生草本，高约 3m。6~8 月开花，花簇生于茎顶，花成对，黄色，花梗长 20~25cm	同香豌豆	产于东北、华北地区和甘肃及山东
海边香豌豆	*L. maritimus*	草本，高 1~2m。6~9 月开花繁密，花淡紫色，径约 2.5cm，花梗长约 28cm	同香豌豆	产于东北地区和河北、山东、江苏等地
豌豆	*Pisum sativum*	一、二年生草本。全株无毛，被白色蜡粉。羽状复叶，顶端有卷须，托叶大如小羽片。花期 3~4 月，白花或紫花	同香豌豆	我国各地均可栽培

香豌豆花序和卷须

灌水，可每隔10天追施磷、钾的稀薄液体肥料。因有固氮的根瘤菌与之共生，故需氮肥较少。因具攀援性，注意及时搭架。注意防病虫害。

景观特征

枝、叶嫩绿而秀雅，花姿轻盈别致且色彩艳丽，五颜六色的鲜花绽放时，阵阵馥郁的花香袭来，使人沉醉，是营造田园风光的良好材料。

园林应用

是攀援绿化极好的材料。用于美化窗台、阳台、花架、篱栏，或用于花坛配置，能给环境增添乡间情调。如做插花、花篮、花束等使用，则可使人们更好地感受到其枝蔓的柔美、花朵的秀丽。

豌豆花和叶特写

豌豆景观

豌豆景观

观赏南瓜

别名：金瓜、看瓜、鼎足瓜、奇怪瓜、玩具南瓜、观赏西葫芦
科属名：葫芦科南瓜属
学名：*Cucurbita pepo*

形态特征

一年生蔓性草本植物。茎蔓有棱，老茎富含纤维，被半透明粗糙毛，卷须多分杈。叶与卷须对生，叶质硬、直立，广卵圆形，掌状浅裂至中裂，边缘具不规则锐齿，两面粗糙，被毛刺；具长叶柄，叶柄也有毛刺。雌雄同株，花单性，单生于叶腋，花冠黄色，粗糙，被毛，筒状单生，花瓣合生，浅裂。瓠果，果肉较硬，味苦，开花后 40 天果实成熟，果实长度和直径一般在10~12cm，颜色呈白、黄、橙等色，形状有圆、扁圆、长圆、钟形、梨形等。种子多数，白色，扁椭圆形。花期夏季，果期秋季。品种较多，常见的有皇冠南瓜、龙凤飘南瓜、东升南瓜、瓜皮南瓜。

观赏南瓜果实

适应地区

我国各地有栽培。

生物特性

喜阳光充足、温暖的环境，否则较难开花和结果，枝叶徒长而纤弱，并容易滋生病虫害。喜肥沃、排水良好的土壤。不耐寒，忌炎热。整个生长周期需要在20~30℃的条件下完成，每当秋凉以后，枝叶慢慢变黄萎蔫，如冬季移入温室之内管理，生长周期会相对延长，直至开花结果后才自然枯萎死亡。

繁殖栽培

通常采用直播法育苗，不作移植。先将自采或花店零售的袋装种子用温水浸数小时，然后播入需栽培的地穴里，覆盖少量土壤，并保持湿润，通常约 6 天就会发芽生根。土壤要求排水良好和疏松透气的砂质壤土，也可用富含有机质的田园土或塘泥，忌用含盐碱的土壤。从苗期起要给予充足的水肥管理，每天需浇水 1~2 次，每 10~15 天施肥一次，用有机肥水或复合花肥均适宜。薄肥勤施，直至开花结果后才停止，一旦水肥管理跟不上生长发育所需，则植株纤弱，花小、叶黄而不利于观赏。

景观特征

植于棚架、花门旁，攀援而上，果实垂吊，十分美观。果形、果色奇特，采后可置室内观赏。观赏南瓜果皮艳丽、果形有趣、果实耐藏，是优良的案头装点材料，可以从当年采收后摆放到翌年 3~5 月也不失色变形，观赏效果颇佳。

园林应用

较适宜于花廊及瓜棚绿化，也可用于盆栽观赏。每当挂果时节，奇形怪状的瓜果错落有致地吊垂于棚架，优雅且极具吸引力。近年来不少旅游休闲农庄纷纷予以引种，栽培成庭院阴棚上的主角，让游客既可得到浓阴的舒适环境，又能欣赏到形态各异的瓜果。其瓜果在藤茎枯萎后还可摘下，用于果盘装饰或小礼品零售。

观赏南瓜果实

*** 园林造景功能相近的植物 ***

中文名	学名	形态特征	园林应用	适应地区
金瓜	*Cucurbita maxima* var. *turbaniormis*	果扁圆形，熟时橙红。子房顶部未被花托包围而突出于果端	同观赏南瓜	庭园有栽培
黑籽南瓜	*C. ficifolia*	大型草质藤本。果大，长圆形，绿色具白色条纹。种子黑色	同观赏南瓜	云南等地有栽培
水瓜	*Luffa cylindrica*	一年生草质藤本。茎 5 棱。叶掌状。雌雄异花同株，花黄色。果圆柱形	同观赏南瓜	我国各地有栽培

观赏南瓜景观

南瓜植物景观

水瓜景观

葫芦

别名：腰葫芦
科属名：葫芦科葫芦属
学名：*Lagenaria siceraria*

形态特征

一年生蔓性草本植物。茎蔓生，长可达10m，密被软粘毛，卷须腋生，分二杈。单叶互生，叶面粗糙，被毛，叶片心状卵形或肾状卵形，不分裂或浅裂，边缘具小齿，先端尖，三角形，基部心形或弓形；叶柄长。雌雄同株，花单性，花梗长，花单生、白色，漏斗状，浅裂，清晨开放，中午枯萎。瓠果，成熟果淡黄白色，长可达20~40cm，中部缢细，成熟后果皮木质化。花期4~9月，秋末与冬初果实成熟。栽培观赏较多的品种是小葫芦（var. *microcarpa*），果实较葫芦小，长10~15cm，中部缢缩，状似葫芦；瓠瓜（var. *depressa*），果实中部不缢缩；瓠子（var. *hispida*），果实柱状；鹤首葫芦（cv. Heshouhulu），果下部似球体，具明显棱线凸起。另外，各地还有颇具特色的品种，如苹果瓜。

苹果瓜

适应地区

我国各地作观赏或药用栽培。

生物特性

生性强健，喜温暖，不耐寒，大部分地区不能露地越冬。喜阳光充足的环境，光照不足则开花结果少。喜湿润，耐干旱，但不耐水涝。耐瘠薄，对土壤要求不严，在沙砾、红壤、房前屋后及山地、水沟边上均能生长，在肥沃、疏松、排水良好的壤土生长更佳。

繁殖栽培

播种法繁殖。长江流域 3 月上旬温床播种；华北地区 3 月份室内或冷床育苗，或于 4~5 月露地直播，播后适当覆盖遮阴；广东 12 月至翌年 1 月播种。适应性强，耐粗放管理。对水、肥要求不多，整个生长季灌 2~3 次透水，夏季长期干旱时，要补充水分。挂果期提高磷、钾肥比例，则叶绿、果大、色艳。应早立棚架，使其攀援而上。

景观特征

蔓性的葫芦是很具潜力的立体景观植物。夏日绿叶葱郁、翠色可餐，是人们休息、纳凉的绝佳去处；秋季硕果累累，淡黄色的葫芦悬挂于棚架之下，其形也可观，色也宜人，是观叶、观花、观果、观姿极好的材料。

园林应用

蔓长阴浓、瓠果形态别致，特别适合于庭院棚架、篱垣、门廊攀援绿化，使其攀援而上，果时悬挂于亭廊两侧，可增添乡间野趣。别具风情，既可观花、观果，又是很好的遮阴材料。果熟后悬挂于室内，别具风趣。

瓠瓜果实

鹤首葫芦景观

长柄葫芦

瓠瓜景观

蛇瓜

别名：大豆角、蛇豆、蛇丝瓜、印度丝瓜
科属名：葫芦科栝楼属
学名：*Trichosanthes angeuin*

形态特征

一年生草质藤本。枝蔓长达6~8m，被毛，茎具5棱，多分枝。叶卷须，与叶对生，卷须三叉。单叶互生，叶圆肾形或近五角形，常3~5浅裂或不裂，长10~15cm。花单性，雌雄同株，花冠白色，雄花排成总状花序，总花梗长达25cm，花冠边缘流苏长约1cm；雌花单生，与雄花序出于同一叶腋，子房长5~10mm。瓠果细圆柱状，常弯曲或扭旋，长1~2m，幼嫩时灰绿色，成熟时浅红褐色。种子压扁状椭圆形，浅褐色，边缘波状。花期5~8月，果期7~10月。有较多栽培品种。

适应地区

我国各地有少量栽培，幼果可作蔬菜食用或做饲料。

生物特性

喜日光充足的环境，每天接受日光照射不宜少于4小时，长期生活在阴生环境则开花少、结果少而小，并且容易落果。喜温暖，不耐寒，在18~32℃的温度范围内生长良好。入秋后植株逐渐枯萎死亡。喜微潮、偏干的土壤环境，有一定的耐干旱能力，但不耐水涝，多雨季节要注意排水。

繁殖栽培

播种法繁殖，可在每年3、4月进行。由于种子较大，可直接数粒穴播，保持土壤湿润，容易发芽成苗。适宜种植在肥沃、疏松、排水良好的土壤。生长旺盛期在夏、秋季高温时期，要保证水分的供应。对肥料需求量较大，生长旺期每1~2周追肥一次，各种有机肥和

蛇瓜景观

成熟的蛇瓜

✲ 园林造景功能相近的植物 ✲

中文名	学名	形态特征	园林应用	适应地区
华中栝楼	*Trichosanthes rosthornii*	块根肥大。茎近无毛。叶 3~7 深裂，裂片披针形。花白色，雌雄异株，花冠流苏细而长	同蛇瓜	产于我国重庆、四川、贵州、云南及江西
红花栝楼	*T. rubriflos*	叶一般 5 深裂。花红色，雄花序总状。果近球形，熟时深红色	同蛇瓜	产于我国四川、贵州、广东、广西及台湾

复合肥均可。当枝蔓抽生后，及时牵引上架。秋末冬初，应将枯枝、落叶及时清除。会被根腐病及蚜虫等危害，注意防治。

景观特征

长势强健，覆盖力强，当植株上架后，便会给环境增添一块暑日纳凉之地。开花时绿叶青青，无限美妙。进入秋天，蛇瓜的果实也会越结越多，越来越长，似一条条冰挂、乳石，给人以进入梦幻童话般的幽境，同时带来一派丰收美景。

园林应用

非常适用于棚架，其珍珠般的果实可长时期供观赏，是一种极好的观果植物。也可用于墙垣、屋顶等地美化、绿化。

蛇瓜景观

红花栝楼

红花栝楼景观

乌头蛇葡萄

别名：羊葡萄蔓、草葡萄、蛇白蔹
科属名：葡萄科蛇葡萄属
学名：*Ampelopsis aconitifolia*

形态特征

落叶木质藤本。根外皮紫褐色，内皮淡粉红色，具黏性。茎圆柱形，具皮孔，髓白色，幼枝被黄茸毛，卷须与叶对生。叶互生，广卵形，3~5 掌状复叶；小叶片全部羽裂或不裂，披针形或菱状披针形，边缘有大圆钝锯齿，无毛，或幼叶下面脉上稍有毛；叶柄较叶短。聚伞花序与叶对生，总花柄较叶柄长；花小，黄绿色；花萼不分裂；花瓣 5 枚；花盘边平截；雄蕊 5 枚；子房 2 室，花柱细。浆果近球形，成熟时橙黄色。

乌头蛇葡萄花序和枝叶

适应地区

分布于陕西、甘肃、宁夏、河南、山东、河北、山西等地。生于山地阳坡、灌丛、河谷、草丛中。

生物特性

抗逆性强，适应性广。喜光照充足的环境，喜温暖，也较耐寒，在 14~28℃的温度范围生长较好。耐干旱，耐瘠薄，在贫瘠的土壤中也能较好生长。

繁殖栽培

以扦插法繁殖为主。可在冬季或春季进行，剪当年生的木质化枝条直接扦插于栽培地即可，极易生根。也可用播种法和压条法繁殖。栽培管理可粗放。喜微潮偏干的土壤环境，生长旺盛阶段应保证充足的水分供应。对肥料的需求量较多，除基肥外，生长旺期每隔 2~3 周追肥一次。当枝条长约 30cm 时，及时牵引上架。多年生老树要适当修枝整形。

景观特征

枝蔓繁茂，覆盖力强，黄绿色的小花及果实与绿色的叶片浑然一体，做垂直绿化的材料能给人以新奇之感，是一种很有特点的攀援植物。

园林应用

良好的棚架、绿廊造景材料，适宜于庭前、曲径、山头、入口、屋角、天井、窗前等各处栽植。可在大型公园或风景区内成行种植，布置成斜棚、墙垣等形式，极富韵律性，观赏效果佳。

*** 园林造景功能相近的植物 ***

中文名	学名	形态特征	园林应用	适应地区
葎叶蛇葡萄	*Ampelopsis humulifolia*	枝叶近光滑无毛，卷须分叉，与叶对生。叶片卵圆形，3~5 中裂。聚伞花序与叶对生，花淡黄色	同乌头蛇葡萄	适于东北、西北、华北地区至长江流域

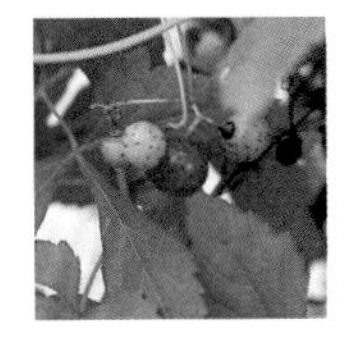
乌头蛇葡萄果枝

乌头蛇葡萄景观

乌头蛇葡萄景观

乌敛莓

别名：地五加、五叶莓、五爪龙
科属名：葡萄科乌蔹莓属
学名：*Cayratia japonica*

形态特征

多年生草质藤本。枝蔓长达 2~4m，茎具卷须，卷须 2~3 分枝，相隔 2 节间断与叶对生，幼枝被柔毛，老枝无毛。掌状复叶互生，具柄，有小叶 5 片，椭圆形或长椭圆形，中间小叶大，缘具锯齿。总花梗长，复二歧聚伞花序，腋生或假腋生，花小，具短柄，黄绿色。浆果球形，黑紫色，具种子 2~4 颗。种子三角状倒卵形。花期 4~8 月，果期 7~11 月。引进了一些花叶和彩叶的相近种类（*C.* sp.），如紫背乌敛莓。

适应地区

我国分布于华东至华南地区。

生物特性

喜日光充足的环境，对半阴环境也有耐性。喜湿润的气候和湿润的土壤，对干旱有较强的耐受能力。喜温暖，在 16~28℃的温度范围内生长良好，对寒冷的抗性差，入冬后，植株地上部就会枯萎。对土壤适应性较强，但在疏松、肥沃的土壤中生长良好。

乌敛莓吸附于树干上的状况

乌敛莓果实特写

繁殖栽培

以播种繁殖为主，多在每年春季进行直播。也可采用扦插法进行育苗，春、夏、秋 3 季均可进行。栽培土质宜选用肥沃、疏松的砂质壤土，排水、日照条件需良好。生长旺盛阶段应保证水分的供应。定植时可施用基肥，生长旺盛阶段可以每隔 2~3 周追肥一次；每年春季修剪整枝一次，将老化的枝条剪短，春暖后便能萌发新枝叶。不易患病，也较少受到有害动物的侵袭。

景观特征

植株柔弱，枝条繁茂，枝叶秀丽，叶色草绿，色彩柔和。花小，聚成伞状的花序，花色朴素而不妖艳，整体植株可使环境显得清新动人，能给人以平静、朴实的感觉。

园林应用

攀援性强，是一种良好的垂直绿化材料。可地栽用来布置庭院的篱栅、篱架、竹篱、矮墙，也可用于公园、景区的墙垣、中小型棚架、山石及树干美化，还可用在家居、小区等处的阳台、走廊、扶梯装饰。

乌蔹莓花序特写 ▷

乌蔹莓景观

乌蔹莓景观

乌蔹莓景观

乌蔹莓景观

紫背乌蔹莓景观

紫背乌蔹莓

花叶乌蔹莓

珠帘

别名：锦屏白粉藤
科属名：葡萄科白粉藤属
学名：*Cissus sicyoides*

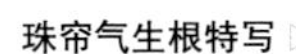

珠帘气生根特写

珠帘景观

形态特征

常绿蔓性草质藤本。枝条极细，具卷须，卷须与叶对生，有 2 分杈，成株老藤自茎节生长许多红褐色、细长气生根。叶互生，叶基部心形，先端渐尖，叶缘有锯齿，叶背白色被粉；托叶卵形。复伞状聚伞花序，与叶对生，花萼 4 枚，花瓣 4 枚，花浅绿白色；雄蕊与花瓣同数对生；子房下部与花盘合生。浆果球形。夏、秋季开花。

适应地区

我国台湾、广东等地有栽培。

生物特性

性强健，喜温暖、湿润气候，在 5℃能顺利越冬，最适宜的生育温度为 16~28℃。喜光照，也较耐阴，在半阴处成长良好。耐干旱，耐瘠薄，喜肥沃、疏松的壤土。

繁殖栽培

以扦插法繁殖为主。可在每年春、夏季节进行，直接剪取较健壮的枝条插于疏松壤土中即可，极易生根成苗。耐粗放管理，病虫害少。喜微潮偏干的土壤，栽培处日照、排水需良好。对肥料及水分适应性广。蔓性极强，且生长势强，应早立较大棚架牵引枝条，以便造型。多年后枝条过多，可适当修剪。

珠帘花序

景观特征

叶型小巧，枝条羸弱，老枝茎节上生许多红褐色、细长的气生根，悬垂而下，有如千万条丝带，气势不凡，极具特色。微风吹来，随风摇曳，富有诗情画意。

园林应用

是一种极好的门廊绿化植物，适合绿廊、绿墙或阴棚。在公园、庭院等门廊两旁栽种数株，以立柱搭架呈门状，纤细的枝条攀援而上，千百条气生根倾泻而下，形成一道柔和隐约的门帘，既是一道如瀑的风景，又能制造一种柳暗花明的景观氛围。

珠帘景观

珠帘景观

珠帘景观

珠帘景观

珠帘景观

珠帘景观

山葡萄

别名：阿穆尔葡萄、乌苏里葡萄
科属名：葡萄科葡萄属
学名：*Vitis amurensis*

形态特征

木质藤本。小枝圆柱形，无毛，嫩枝疏被蛛丝状茸毛，卷须 2~3 分枝。叶阔卵圆形，3 至 5 浅裂或中裂，或不分裂，叶片或中裂片顶端急尖或渐尖；托叶膜质，褐色。圆锥花序疏散，与叶对生，初时常被蛛丝状茸毛，以后脱落几无毛；花梗长 2~6mm；花蕾倒卵圆形，顶端圆形；萼片碟形，几全缘，无毛；花瓣 5 枚，呈帽状黏合脱落；雄蕊 5 枚。浆果球形。种子倒卵圆形。花期 5~6 月，果期 7~9 月。有一变种，名为深裂山葡萄（var. *dissecta*），叶片 3~5 深裂，果实直径较小。

山葡萄景观

适应地区

产于黑龙江、吉林、辽宁、河北、山西、山东、安徽、浙江。生于山坡、沟谷林中或灌丛中。

生物特性

适应能力强，喜阳光充足的环境，对阴蔽稍有耐性。喜温暖的气候环境，对寒冷的耐受性强。喜湿润的环境，不耐湿涝。对土壤的要求不严，多种土壤都能生长良好，但以排水良好、土层深厚的土壤最佳。

山葡萄果实

繁殖栽培

繁殖可采用扦插、压条和嫁接等方法。扦插，一般剪取半木质化的新梢或副梢，插后温度保持在 20~25℃，空气湿度约 90%。在萌芽期、开花前、落花后、果实开始着色期、土壤开始结冻前这几个时期要保证水分供应充足。定植前可预先施用基肥，此后，每隔 1 个月可追施一次有机肥。需合理地进行整形和立支柱。冬季应进行正确的修剪。

山葡萄枝叶

山葡萄景观

景观特征

株形美观，植株茂密，枝条粗长，叶片心形，叶色深绿，加之叶片繁多，给人以活跃、粗犷之感。花小，黄绿色，朵朵聚成花序，开花时节点缀于浓密的绿色之间，增添色彩花后串串果实悬挂，又形成另一番景色。

园林应用

是一种垂直绿化的优良藤本植物。可用于庭院、花园中的棚架、篱栅作绿化，或用于公园、游园、景区中花架、镂空廊道、篱垣等处点缀，也可用于假山、乱石、廊柱、外墙披垂装饰，又可植于室内或阳台供观赏。

山葡萄景观

葡萄

别名：李桃、草龙珠、赐紫樱桃
科属名：葡萄科葡萄属
学名：*Vitis vinifera*

形态特征

落叶藤本。枝长可达 20 多米，茎木质，茎皮红褐色，老时条状剥落，小枝光滑。卷须与叶对生，2 分杈。叶互生，近圆形，长 7~15cm，3~5 掌状浅裂或中裂，基部心形，缘具粗齿，两面无毛或背面稍有短柔毛，纸质；叶柄长 4~8cm。圆锥花序大而长，花小，花瓣 5 枚，黄绿色，雄蕊 5 枚，子房卵圆形。浆果椭球形或圆球形，直径10~25mm，黄绿色或黑紫色，被白粉。种子水滴形。花期 5~6 月，果期 9~10 月。具有较多的栽培品种。

葡萄花序

适应地区

我国栽培已有 2000 余年历史，分布极广，长江流域以北地区几乎均有栽培。

生物特性

喜阳光充足的环境，一旦栽培环境光照不足，植株就会徒长、纤弱，并容易滋生病虫害。喜温暖的环境，属于温带植物，在 16~28℃的温度范围内生长良好，具有一定的耐寒力，冬季一定要有低温的刺激才能结果，但又不耐严寒。喜干燥的气候和潮湿的土壤环境，可耐干旱。喜肥沃、疏松的砂质壤土，pH 值为 5~7.5 生长最好。

繁殖栽培

繁殖以扦插为主，也可用压条、嫁接或播种等方法。扦插，冬季剪取枝条，经过砂藏，于翌年 3 月剪成具有 2~3 个芽的枝段进行露地扦插。压条，可在 3~6 月间连续进行。播种也很容易，但一般只用于扦插生根困难的品种。栽培以表土深厚、肥沃的砂质壤土为佳，排水、日照需良好。在其展叶后、落叶前，均不宜使植株遭受干旱。除在定植时施用基肥外，生长旺盛阶段应该每隔 10 天追施一次富含磷、钾的稀薄液体肥料。夏季生长旺盛阶段，应该随时剪去徒长枝，当冬季植株落叶后，还要进行整形修剪。

景观特征

植株繁茂，枝蔓延范围广，翠叶满架，花小，黄绿色，和宽大的叶片形成鲜明对比，新奇而特别。时至秋季，更会有串串丰满的果实悬挂在枝条上，给人以饶有趣味、置身果园的感觉。

园林应用

园林绿化中优良的垂直绿化树种。可于庭院、家居的环境作篱棚、花廊、花架等垂直美化之用，也可在小区或公共设施处用于棚架、门廊绿化，还可在公园、景区中的跨路长廊和大型休息花架上作覆盖。

葡萄果实

葡萄景观

葡萄景观

葡萄景观

扁担藤

别名：扁藤、腰带藤
科属名：葡萄科崖爬藤属
学名：*Tetrastigma planicaule*

形态特征

木质大藤本。茎扁压平，深褐色。小枝圆柱形或微扁，有纵棱纹，无毛。卷须不分枝。叶为掌状 5 小叶，小叶长圆披针形、披针形、卵披针形，顶端渐尖或急尖，基部楔形，边缘锯齿细小，稀较粗，上面绿色，下面浅绿色，两面无毛。伞形花序腋生，花蕾卵圆形，高 2.5~3mm，顶端圆钝；花萼浅碟形，齿不明显；花瓣 4 枚，卵状三角形，顶端呈风帽状，绿色；雄蕊 4 枚。浆果近球形，有种子 1~3 颗。种子长椭圆形。花期 4~6 月，果期 8~12 月。

扁担藤景观

适应地区

产于福建、广东、广西、贵州、云南和西藏东南部。老挝、越南、印度和斯里兰卡也有分布。

生物特性

喜阳光充足的环境，阳光充足则生长发育旺盛。喜温暖的气候，对寒冷的耐受性差，遇霜冻枝叶即枯死。喜湿润的环境，对干旱有耐受性，不耐湿涝。在排水良好、肥沃的土壤中生长旺盛。

繁殖栽培

一般以扦插、压条的繁殖方法为主，也可采用种子繁殖。幼株注意诱导攀爬，老株注意肥水管理和冬、春季节修剪整形。植株长势旺盛，管理粗放。

景观特征

株形美观，藤壮叶茂，宽扁的茎干颇为罕见，因老茎扁平，故而有扁担藤之名。叶片较大，掌状分裂，叶色草绿；伞形花序，花小，绿色，颜色朴素、淡雅；花后果实经久不落，也具观赏价值，可给人以喜悦、满足之感。

园林应用

一种很具观赏价值的藤本。可用于庭院、花园中棚架、矮墙装饰，或用于公园、风景区、园林中绿廊、假山、岩壁、墙体、廊柱绿化和大树攀爬，也可用在阳台上作垂悬点缀。

*** 园林造景功能相近的植物 ***

中文名	学名	形态特征	园林应用	适应地区
茎花崖爬藤	*Tetrastigma cauliflorum*	木质藤本。茎扁平。叶形似扁担藤，但叶片具尾尖，边缘的锯齿粗大。花序着生于老枝之上	同扁担藤	产于广东、广西、海南及云南等省区

扁担藤枝叶

扁担藤景观

扁担藤景观

扁担藤景观

粉叶羊蹄甲

科属名：苏木科羊蹄甲属
学名：*Bauhinia glauca*

形态特征

木质藤本。除花序稍被锈色短柔毛外，其余无毛；卷须略扁，旋卷。叶柄纤细；叶片近圆形，长 5~7cm，2 裂达中部或更深裂，裂片卵形，内侧近平行，先端圆钝，基部阔，心形至截形，基出脉 9~11 条。总状花序顶生或与叶对生，具密集的花；苞片与小苞片线形；花蕾卵形，被锈色短毛；萼片卵形，急尖；花瓣白色，倒卵形，各瓣近相等，具长柄，边缘皱波状。荚果带状，不开裂。花期 4~6 月，果期 7~9 月。

适应地区

产于广东、广西、江西、湖南、贵州、云南。

生物特性

喜温暖气候，具有一定的耐寒性。喜阳光充足，在半阴处能正常生长发育。对土壤条件要求不严，以排水性能良好的土壤为宜。

繁殖栽培

主要采用种子繁殖，秋季采收后即可播种，也可贮藏到春季播种。扦插繁殖在春季进行，选取上一年的成熟枝条做插穗。植株高大，冬季注意修剪，去掉病弱枝条。小苗生长期及时搭架，引导茎蔓延伸上架，尽快形成良好景观。

粉叶羊蹄甲景观

景观特征

植株为木质藤本，株形高大，枝条柔软悬垂，潇洒飘逸，徒长枝条粗壮向上，迎风摇曳。开花量大，花团锦簇。叶如羊蹄，精巧奇妙。

园林应用

主要用于大型花架、绿廊绿化，同时可以装饰假山，绿化石山。还可在公园、景区中的跨路长廊和大型休息花架上作覆盖。目前，我国热带地区该类植物应用数量逐渐增加。

＊园林造景功能相近的植物＊

中文名	学名	形态特征	园林应用	适应地区
龙须藤	*Bauhinia championii*	木质大藤本，直径可达 20cm。叶互生，心形，长 6~8cm，先端 2 浅裂，裂片尖。总状花序，花黄色。荚果扁，椭圆形	同粉叶羊蹄甲	同粉叶羊蹄甲
嘉氏羊蹄甲	*B. galpinii*	藤状灌木，花红色	同粉叶羊蹄甲	同粉叶羊蹄甲
首冠藤	*B. japonica*	常绿木质藤本，有单一或成对的卷须。叶圆形，长 2~3cm，深裂至全长的 1/2~3/4。花白色。荚果长圆形	同粉叶羊蹄甲	同粉叶羊蹄甲

首冠藤花序

粉叶羊蹄甲景观

嘉氏羊蹄甲景观

嘉氏羊蹄甲

龙须藤

鸡蛋果

别名：百香果
科属名：西番莲科西番莲属
学名：*Passiflora edulis*

形态特征

草质藤本。枝蔓可达10m，茎卷须腋生，圆柱形，无毛，不分杈。单叶互生，宽心形，长6~13cm，宽8~14cm，先端短而渐尖，基部楔形或心形，掌状3深裂，缘具细锯齿，纸质；叶柄近顶端有2腺体。花两性，聚伞花序，但通常仅以单花着生于叶腋，钟形，直径5~7cm，具微香；花瓣5枚，披针形，白色具淡紫晕。浆果卵圆形，长5~8cm，紫色。种子多数，黑色，具淡黄色黏质假种皮。花期5~7月，热带地区可达全年，果期10~11月。品种有黄鸡蛋果（cv. Flavicarpa），成熟浆果黄色。

适应地区

我国，福建、广东、云南、台湾等冬暖地区有栽培。

鸡蛋果景观

鸡蛋果景观

鸡蛋果景观

鸡蛋果花和果

生物特性

喜日光充足的环境，不耐阴蔽，但盛夏过强的日光照射会影响其开花。喜湿润气候和微潮的土壤，对干旱稍有耐性。喜温暖的环境，在 18~27℃的温度范围内生长较好。

繁殖栽培

一般采用扦插和播种的方法进行繁殖。扦插，宜在 7~8 月温度为 20℃的情况下，插穗数周即可生根；播种可在翌年温度高于 20℃时进行。栽培土质宜选用富含腐殖质的砂质壤土，排水、日照需良好。生长旺盛阶段应保证水分的供应。对肥料的需求中等，生长阶段可每隔 2~3 周追肥一次，休眠期无需施肥。进入秋季后，应将刚结的嫩果摘掉，因其很难成熟，会影响其他果实的生长。

景观特征

植株美观，枝蔓柔韧，蔓长叶亮，叶形别致；花大形，钟状，花色白而稍带紫晕，形、色俱佳；果实圆润，紫色，累累硕果挂于藤蔓之间，佳境自成，给人以妙趣盎然的享受。

园林应用

是一种很有叶色的垂直绿化材料，可用于公园、景区的假山、篱栅、墙垣装点，也可用于庭院、家居、小区等处的篱垣、花架、花廊美化，又可用在阳台和窗台绿化。

鸡蛋果景观

鸡蛋果景观

鸡蛋果景观

*** 园林造景功能相近的植物 ***

中文名	学名	形态特征	园林应用	适应地区
西番莲	*Passiflora caerulea*	草质藤本。叶掌状 3~7 深裂；叶柄长 2~3cm。花径约 10cm，淡紫色。果卵圆形，长 5~6cm，橙色	同鸡蛋果	我国各地有栽培
龙珠果	*P. foetida*	叶片 3 裂，但叶柄无腺体，花小，径 2~3cm，白色或淡紫色。果径 2~3cm	同鸡蛋果	我国云南、广东、广西、台湾有栽培
三角西番莲	*P. suberosa*	草质藤本，具卷须。叶互生，掌状 3 裂。花小。果小，成熟时果紫色	植株小，适于布置小的篱墙和栅栏	适应我国热带、亚热带地区

鸡蛋果花和果

西番莲

三角西番莲

龙珠果景观

龙珠果花特写

翅茎白粉藤

别名：六方藤
科属名：葡萄科白粉藤属
学名：*Cissus hexangularis*

翅茎白粉藤枝叶

形态特征

常绿多年生草质藤本。枝蔓长达 2~3m，茎纤细，茎 6 棱，有狭翅，具卷须，有 3 分杈。单叶互生，长 5~10cm，宽卵圆形，深绿色，具光泽，叶脉明显。聚伞花序腋生，有花 20~30 朵，白色。浆果，倒卵形。花期夏季，冬季种子成熟。

适应地区

原产于我国海南，现在我国热带地区栽培。

生物特性

喜疏阴或明亮散光的环境，但怕强光直射。喜湿润的气候和肥沃、疏松的土壤。不耐干旱，也不耐湿，忌积水。喜温暖，不耐寒。

繁殖栽培

常用扦插繁殖。以 6~8 月最好，选 1 年生顶梢或侧枝的嫩枝，长 15cm，把插条叶片剪去一半，插后 10~15 天生根。也可用播种、分株、压条的方法繁殖。对肥料的需求量较多，除在定植时施用基肥外，生长旺盛阶段可每隔 2~3 周追肥一次。夏、秋高温时节应遮阴，冬、春季则应使其接受充足的日光照射。生长旺盛阶段及时修剪，多萌发侧枝，保持株形。

翅茎白粉藤景观

景观特征

植株潇洒，枝叶繁茂，叶色浓绿光亮，质感很强，叶片形状奇特，但又不失其耐看的效果，给人以清爽向上的感觉。

园林应用

一种热带地区室外常用的垂直绿化材料。可用在公园、游园中点缀阴湿山石和水边驳岸，也是庭院、居家绿化篱栅、墙垣的良好材料。由于不耐寒冷，温带地区可做室内垂直绿化，或用于吊盆观赏。

＊园林造景功能相近的植物＊

中文名	学名	形态特征	园林应用	适应地区
花叶粉藤	*Cissus discolor*	藤本，蔓为红色。叶长卵心形，叶面深绿色，羽状叶脉具有银白色不规则斑块	同翅茎白粉藤	同翅茎白粉藤
白粉藤	*C. rhombifolia*	常绿藤本。茎纤细，具卷须，有 3 分杈。三出复叶，小叶 3 片，菱状卵圆形。聚伞花序，有花 20~30 朵	同翅茎白粉藤	同翅茎白粉藤

炮仗花

别名：炮仗藤、吉祥花
科属名：紫葳科炮仗花属
学名：*Pyrostegia venusta (ignea)*

炮仗花的花序

形态特征

常绿木质藤本。茎长达 8m 以上，茎枝纤细，多分枝，小枝有纵纹。三出复叶对生，小叶卵圆形至长椭圆形，先端渐尖，表面无毛，长 4~10cm，顶生小叶常特化为 2~3 分叉的叶卷须，常借以攀附他物。圆锥状聚伞花序，顶生，下垂，有花 5~6 朵，花萼钟状；花冠长筒形，反卷，橘红色，长 5~7cm，先端略唇状，雄蕊 4 枚，伸出花冠外；子房圆柱形。蒴果线形，长 20~30cm。种子具翅。花期 1~2 月，果期夏季。

适应地区

我国广东、广西、海南、云南、福建有露地栽培，其余地区多做温室花卉。

生物特性

喜阳光充足的环境，对半阴环境也有较强的耐受性。喜温暖气候，生长适温为18~28℃，短期可耐 2~3℃的低温，叶片稍有萎缩或部分脱落。喜湿润的环境，但不耐湿涝。在肥沃的酸性土壤中生长良好。

炮仗花景观

炮仗花的枝叶

繁殖栽培

扦插、压条或分株法繁殖。扦插在春季进行，60~80 天可生根。压条宜在春、夏季进行，约 1 个月开始生根，定植后一年开花。分株四季均可进行。栽培土质宜选用疏松、肥沃、微酸性的砂质壤土，排水需良好，忌湿涝，光照也需充足。需肥量大，除定植时要施基肥外，生长阶段每隔 2~3 周追肥一次。栽培初期需立结实的支架，使枝蔓攀附，生长期切忌翻蔓，以免造成开花不良，并注意剪除干枯枝叶。不易患病，也较少受虫害。

景观特征

植株攀援，枝蔓细长，覆盖面积大，顶生小叶常化成须状结构，花序圆锥状，小花橙红色，鲜艳美观，因花密集成串，形似鞭炮而得名。开花时，花序在绿叶的衬托下，给人以鲜亮、喜气之感。

园林应用

为华南及西南冬季温暖少霜地区优良的绿化材料。可用于庭院阳台、栅栏等处装饰，也可用于公园或游园的花架、花廊、假山、叠石美化和装点，还可用在低层建筑物的屋顶或墙面做攀援或披垂绿化材料。

炮仗花景观

炮仗花景观

炮仗花景观

炮仗花景观

蒜香藤

别名：紫铃藤、张氏紫崴
科属名：紫葳科蒜香藤属
学名：*Pseudocalymma alliaceum*

蒜香藤的花

形态特征

多年生常绿攀援灌木。枝条长达十余米，小茎绿色，圆柱形，多皮孔。二出复叶对生，先端小叶变态为卷须，用于攀援，小叶革质，表面深绿具光泽，背面浅绿色，椭圆形或卵状椭圆形，先端尖，全缘，两侧不对称，中脉亮绿，背面凸起。二歧聚伞花序腋生，花萼杯状，萼顶截平，不分裂；花冠筒状，花大，淡紫色或红紫色，上部深，下部渐变白，盛开时花团锦簇。蒴果扁平，长线形。春、秋季开花。花与叶均有大蒜味道。

蒜香藤景观

适应地区

我国有引种栽培。

生物特性

喜温暖气候，耐旱，也耐湿，生育适温为 20~30℃。栽培地以排水、通风良好为佳，土质以稍带砂质、富含腐殖质为宜。幼株生长缓慢，3 年后生长开始加速。

繁殖栽培

以扦插法繁殖为主。春至秋季为扦插的最好时期，剪一年生或二年生的、带 2 个节以上的健壮枝条，去除叶或留上部叶片，斜插于已消毒的砂质土中，至少要有一节埋于土中。保持充足水分，20~30 天可生根，翌年可移栽。管理可粗放，栽培以肥沃的砂质壤土最佳，日照需充足，以免影响开花。春至夏季是生育盛期，水分、肥料要充足，每 1 个月左右施肥一次。每年早春整枝修剪一次，能使生长更旺盛。病虫害少，不需特别护理。

景观特征

叶色鲜绿有光泽，叶片凹槽形，叶姿优美；紫红或粉紫色的小花竞相开放，花团锦簇，令人愉悦，是较好的垂直绿化材料。

园林应用

花繁叶茂，十分适合花廊、花架或阴棚栽培，也可盆栽。沿庭院围墙列植，枝条攀墙而上，可伸出墙外，繁花盛开时艳丽夺目。盆栽还可修剪造型，装点庭院大门两侧或广场、草坪中央，能增添气氛。

*** 园林造景功能相近的植物 ***

中文名	学名	形态特征	园林应用	适应地区
连理藤	*Clytostoma callistegioides*	常绿木质藤本，具卷须。二出羽状复叶，小叶圆形或倒卵状长圆形，长 7~10cm。圆锥花序，花冠漏斗状，长 5cm，淡红色或红色	同蒜香藤	同蒜香藤

猫爪花

别名：猫爪藤
科属名：紫葳科猫爪藤属
学名：*Macfadyena unguis-cati*

猫爪花花序

形态特征

常绿蔓性藤本，借助气根攀援。茎多分枝，分枝纤细平滑，枝条长可达 9m。1 回二出羽状复叶，顶端具 3 枚钩状卷须；叶为阔披针形或是长卵形，先端渐尖，叶基浅心形，叶面具光泽；复叶和小叶均对生，复叶有小叶 1 对；叶纸质，两面平滑，羽状侧脉 6~8 对，叶面浓绿色，叶背绿色，无托叶。花单生或 2~5 朵组成圆锥花序，被疏柔毛，花冠黄色，钟状至漏斗状，檐部裂片 5 枚，近圆形，不等长。蒴果线形。种子多数，具宽膜质翅。花期 4 月，果期 6 月。

适应地区

适应范围广，我国广东、福建、武汉有引入并作观赏栽培，在福建逸为野生。

生物特性

喜温暖，耐干旱和瘠薄，生育适温为18~26℃，10℃以下就会生长停顿。适应性强，可以在公园、林地、庭园、路边、荒坡、草地等生长，

猫爪花枝叶特写

猫爪花景观

也可以在墙壁、屋顶等生长。老藤可成为绞杀植物，其枝叶茂盛，能覆盖树木。

繁殖栽培

扦插或压条繁殖，也可播种繁殖，而且自播能力强，繁育快。栽培地排水、日照需良好。早春或开花后修剪整枝，甚至可以强剪到基部，留几个芽点就可以了。成株萌芽力强，但是不容易长高，如果要牵引上棚架，应该留几个健壮枝条作为主枝，抽伸更长。生育期间每 1~2 个月施肥一次。要及时清除结果植株，以避免种子随机扩散。

景观特征

叶多姿雅，叶形大小变异大，植株形体纤细，营造郁郁葱葱的景象。花乳黄、柠檬黄至橘黄色，柔和奔放，花大而香，花期长，适应力强。

园林应用

花朵明艳醒目，适合用于阴棚、石壁、墙壁和立交桥等处垂直绿化，可以爬满整个棚架，也适合花架、蔓篱或栅栏美化。

第四章 吸附类藤蔓植物造景

造景功能

该类植物依靠特殊的吸附结构（如吸盘和气生根）附着和穿透物体表面，虽然种类较少，但十分有特色和观赏效果。吸盘吸附型植物的吸附能力相当强，能在光滑、垂直的墙面攀援，非其他藤本植物所比拟，具有特殊的垂直绿化功能。气生根吸附型植株茎上能产生气生根，吸附他物表面或穿透嵌入内部借以攀援上升。许多热带高温潮湿地区起源的藤本植物均具有此类特殊习性。

薜荔

别名：穿心藤、鬼馒头、凉粉果
科属名：桑科榕属
学名：*Ficus pumila*

形态特征

常绿木质藤本。茎攀援或匍匐生长，具气生根，小枝被柔毛。单叶互生，二型，营养枝上的叶心状卵形，几无柄，小而薄，长约2.5cm，结果枝上的叶具短柄，大而厚，椭圆形，长4~10cm，全缘，背面网脉凸起，革质。隐头花序倒卵形或梨形，长约5cm，直径3~5cm，单生叶腋。瘦果，果序托具短柄，倒卵形。花期4~5月，果期9~10月。品种有花叶薜荔（cv. Variegata）。

适应地区

我国产于华北、华东、华中及西南等地。

生物特性

喜疏阴的环境，对强光的耐受性差。喜湿润的气候，对干旱有较强的抗性。喜温暖的环境，在18~26℃的温度范围内生长良好，对寒冷有较强的抗性，可耐-5℃的低温。对土壤的要求不严，但在肥沃、微酸性的土壤中生长旺盛。

薜荔景观

薜荔枝叶特写

繁殖栽培

以扦插繁殖为主，也可采用播种、压条等方法。其中小规模的繁殖可采用压条法育苗，可在每年5~6月间进行。需肥量较多，需施用基肥，生长阶段可每隔2~3周施肥一次。防止炭疽病和黑叶甲等病虫害。

景观特征

株形茂密，叶片厚实，冬不凋落，果形奇特可观，也可食用。其栽培历史悠久，早在1200年前，柳宗元在柳州就吟出了“惊风乱飐芙蓉水，密雨斜侵薜荔墙”的诗句，生动地反映出了覆满薜荔的墙面在疾风骤雨中的情景，栩栩如生。

园林应用

攀附能力强、覆盖性好，是一种应用十分广泛的绿化材料。可用于庭院的屋面、棚架、楼房攀附，也可用于公园、游园等处的石壁、墙垣、树干装点，或用于水边驳岸美化。

薜荔枝叶特写

薜荔景观

薜荔景观

薜荔景观

胡椒

别名：浮椒、玉椒
科属名：胡椒科胡椒属
学名：*Piper nigrum*

形态特征

常绿半木质藤本。枝蔓长达 3~4m。茎节膨大，生有气根。单叶互生，近革质，叶鞘延长，具短柄，叶卵圆形至椭圆形，长 8~9cm，宽 5~6cm，先端锐尖或圆钝，基部近圆形，全缘，深绿色，近革质，有光泽，具掌状脉。雌雄异株或同株，穗状花序下垂，长6~15cm；无花被；雄蕊 1~2 枚；花药肾形；子房上位，近球形，1 室。浆果球形，深红色。原产地花期全年，原产地果期全年。栽培品种很多，可归纳为大叶种和小叶种。

胡椒果实

胡椒花序特写

适应地区

我国长江以南地区广泛栽培作调料用。

生物特性

喜湿润的土壤环境，土壤干燥会对其造成十分严重的影响，忌渍水，雨季应做好排涝工作。喜疏阴环境，在无日光直射的明亮之处也能较好生长。喜温暖，怕低温，在 21~27℃的温度范围内生长良好；越冬温度不宜低于 10℃。当气温低于 15℃时，植株基本停止生长。

繁殖栽培

以扦插繁殖为主，多在每年夏、秋季进行。从生长势强、健康无病的母株上采收木质化的枝条做插穗，将枝条剪成长 15~20cm 的枝段，然后扦插在铺有细砂的苗床上，也可播种或压条繁殖。宜栽种在排水良好、富含腐殖质的中性或微酸性壤土中。在苗期和定植初期需要阴蔽，成龄期需要阳光充足，否则枝叶徒长，影响开花结果。对肥料的需求较多，除施用基肥外，生长旺盛阶段还应每隔 3~4 周追肥一次。秋末春初应该进行修剪，以除去弱枝、枯枝。生长期间注意防治病毒病、瘟病、炭疽病、叶斑病、藻斑病和橘二叉蚜、橘臀纹粉蚧、丽绿刺蛾等病虫害。

景观特征

叶形美观大方，嫩绿耐看。果熟时，似颗颗红色的珍珠镶嵌于绿色的宝石之间，华丽耀眼。整个植物枝枝蔓蔓，随心所欲地生长，自由而活跃，是一种既观叶又观果的藤本佳品。

园林应用

生长势强，易于管理，叶形美观，果实耐看，可用来美化篱栅、墙坦、树干、山石、棚架，给环境增添色彩。

海南蒌叶特写

*** 园林造景功能相近的植物 ***

中文名	学名	形态特征	园林应用	适应地区
海南蒌	*Piper hainanense*	常绿草质多年生藤本。叶大，卵形，基部心形，尖端长渐尖	同胡椒	同胡椒

胡椒景观

海南蒌景观

胡椒景观

爬山虎

别名：爬墙虎、地锦
科属名：葡萄科爬山虎属
学名：*Parthenocissus tricuspidata*

形态特征

落叶木质藤本。枝粗壮，卷须短且多分枝，顶端具黏性吸盘，能攀附墙壁、岩石向上生长。单叶互生，广卵形，先端略呈 3 尖裂，基部心形，上面无毛，下面中脉上有柔毛，缘具粗锯齿。花两性，聚伞花序，与叶对生，常簇生于短枝顶端的两叶之间，花冠淡绿色。浆果紫黑色，果小，球形，被蜡粉。花期 5~6 月，果期 8~10 月。

适应地区

原产于中国，分布于我国东北至华南各省区，现北起吉林，南至广东、海南均广泛栽培。

爬山虎景观

爬山虎景观

生物特性

适应性极强，在寒、温、热三个地带均能生长。喜光照充足，耐烈日直射，也较耐阴蔽。较耐干旱，也稍耐水湿。喜温暖的环境，生长适温为 16~28℃，可耐严寒，也较耐暑热。对土壤的适应性也较强，耐瘠薄，砂质土、黏重土、酸性土或钙质土均适宜生长。

繁殖栽培

一般以扦插繁殖为主，也可用压条和播种繁殖。栽培以富含有机质的壤土或砂质壤土为佳，排水需良好，选择全日照或有半天日照的地点。虽耐旱，但生长阶段不宜缺水，冬季可少浇或不浇。春至夏季每月少量追肥一次，各种有机肥料或复合肥均理想。每年冬季落叶后整枝一次，修剪枯枝或细长的枝条。

景观特征

茎蔓纵横，密布气根，碧叶葱葱，满铺满盖，扶摇直上，富有生机，给人们以欣欣向荣、奋

爬山虎叶特写

发向上的感受。秋后入冬，叶色变红或黄，可使观赏者更加深刻地感受到季节的变化，加之串串蓝色浆果，又给萧瑟的秋季增色不少。

爬山虎景观

园林应用

是垂直绿化常用的经典材料之一，宜植于庭院或私家花园的墙壁、假山石、池畔等处，也可用于桥头石墩、高架天桥立柱、陡石坡的垂直平面绿化。因其对二氧化硫等有害气体有较强的抗性，也宜做工矿街坊的绿化材料。又可用做园林地被植物，覆土护坡。

爬山虎景观

爬山虎景观

爬山虎景观

爬山虎景观

爬山虎景观

爬山虎景观

爬山虎景观

爬山虎景观

五叶地锦

别名：五叶爬山虎
科属名：葡萄科地锦属
学名：*Parthenocissus quinquefolia*

形态特征

木质藤本。小枝圆柱形，无毛。卷须总状 5~9 分枝，卷须顶端嫩时尖而卷曲，后附着物扩大成吸盘。叶为掌状 5 小叶，小叶倒卵圆形、倒卵椭圆形或外侧小叶椭圆形，顶端短尾尖，基部楔形或阔楔形，边缘有粗锯齿，上面绿色，下面浅绿色。花序假顶生，形成主轴明显的圆锥状多歧聚伞花序，花序梗无毛；花蕾椭圆形，顶端圆形，花萼碟形；花瓣 5 枚，长椭圆形，无毛；雄蕊 5 枚。果实球形。花期 6~7 月，果期 8~10 月。

五叶地锦景观

适应地区

我国辽宁、河北、山东、陕西、浙江、江西、湖南、湖北、广东等省广为栽培。

生物特性

喜阳光充足的环境，对阴蔽的耐受性较强。喜温暖的气候，对寒冷的耐受性较强。喜湿润，在较高的空气湿度中生长良好，在大陆性气候地区，吸盘形成困难，故攀援能力会变差，但长势旺盛。生根容易，生长迅速。对氟化氢、氯气、氯化氢的抗性强。

五叶地锦枝叶及吸盘

繁殖栽培

主要采用播种、扦插和压条法繁殖。扦插、压条在生长季节均可进行，比较容易生根。播种繁殖时种子需沙藏至翌年春播。管理粗放，植株强健，抗性强。新种植植株初期需人工辅助引导其主茎导向攀附物。生长季节注意适当浇水、施肥。病虫害少，成年植株无需特别护理。

景观特征

株形美观，藤蔓茂密；卷须纤细，顶端有吸盘，小枝略带红色；叶形美观，掌状 5 裂，颜色碧绿，小花形成聚伞花序，花朵小巧；花后果蓝黑色，玲珑美观。盛夏时节，碧绿一片，可给人以清新、凉爽的感觉，入秋后，叶片转为血红色，更显艳丽。

园林应用

重要的园林绿化植物。常用于庭院、家居中墙篱、围墙和棚架绿化，或用于公园、园林中绿廊、凉棚、假山装点，也可植于树下、疏林旁，还可盆栽垂悬于室内或阳台观赏。

五叶地锦果实

五叶地锦景观

五叶地锦景观

五叶地锦景观

五叶地锦景观

五叶地锦景观

异叶爬山虎

别名：异形地锦、大叶爬山虎
科属名：葡萄科爬山虎属
学名：*Parthenocissus heterophylla*

形态特征

落叶大藤本。茎长达15m，全体无毛，枝蔓上有纵棱，皮孔明显，卷须多分枝，顶端有吸盘。异型叶；营养枝上的叶常为单叶，心形，较小，缘有稀疏小齿；果枝上的叶具长柄，三出复叶，顶端小叶长卵形至长卵状披针形，侧生小叶斜卵形，厚纸质，缘有不明显的小齿或近于全缘，表面深绿、背面淡绿或带苍白色；幼叶及秋叶均为紫红色，非常美丽。聚伞花序排成圆锥状，顶生或与叶对生，较叶柄短。浆果球形，直径6~8mm，熟时紫黑色，被白粉。花期6月，果熟期10月。

异叶爬山虎景观

适应地区

原产于我国中部及台湾，现世界各地及我国南北地区广泛作绿化栽培。生于山坡或岩石缝中，攀援于岩石上。

生物特性

耐旱、耐寒，也耐高温，对土壤、气候适应性强。喜阴，也耐阳光直射。生长快，在湿润、深厚、肥沃的土壤中生长最佳。抗二氧化硫及氯气污染。

异叶爬山虎果实特写

繁殖栽培

主要用扦插和压条法繁殖，在生长季节均可进行，生根容易，生长迅速。也可用种子繁殖，种子需砂藏至翌年春播。生性强健，抗性强，耐粗放管理。沿攀附处种植后，初期可人工辅助将其主茎导向攀附物，适当浇水、施肥即可。病虫害少，后期可任其生长，不需特别护理。

景观特征

枝蔓纵横，叶密色翠，春季幼叶、秋季霜叶或红或橙红，观赏效果佳，是极好的墙面绿化植物。

园林应用

生长快，病虫害少，具气生根、卷须，卷须上有吸盘，适用于建筑物墙面绿化，也适于假山、阳台、长廊、栅栏、石壁等处立体绿化。

扶芳藤

别名：爬藤卫矛、爬藤黄杨
科属名：卫矛科卫矛属
学名：*Euonymus fortunei*

形态特征

常绿木质藤本。植株较小，高达60cm，攀援可达4.5m。茎匍匐或攀援，枝密生小瘤状凸起的皮孔，枝条能随处生出吸附根附着界面立体绿化。叶对生，薄革质，椭圆形至椭圆状披针形，边缘有钝锯齿，叶面浓绿色，有光泽。聚伞花序，5~6月开花，花淡黄色。蒴果近球形，成熟时淡黄色，10月果熟，果熟时开裂，露出红色假种皮。近年引进不少花叶品种，常见的有斑叶扶芳藤（cv. Variegata）、加拿大金（cv. Canadale Gold）、美翡翠扶芳藤（cv. Emerald Gaiety）、金边扶芳藤（cv. Emerald Gold）。

适应地区

适应于我国西北、华东、华中、西南、华南地区。

生物特性

喜温暖，较耐寒。耐干旱，耐瘠薄，适应性强，对土壤的要求不高。耐阴，全日照环境下也生长良好。

扶芳藤果实

扶芳藤景观

繁殖栽培

播种、扦插、压条繁殖均可。扦插春、秋季均可进行，插穗用营养枝，插后约半个月生根。压条最好雨季进行，埋土部分枝条适当环割。种子成熟后，揉去外果皮，即可播于阴地，约半个月发芽。栽培管理较粗放，前期生长较慢，应注意肥水管理，加强杂草控制。

景观特征

叶小型，油绿发亮，入秋后叶色变红，冬季不凋。植株适于靠近地面的立面的绿化装饰。

园林应用

依靠茎上发出的繁密气生根攀附他物生长，可用于点缀庭院篱墙、山岩、石壁，也可攀附树干向上生长，古树青藤，更显自然野趣。耐阴性好，适合做林下、林缘地被。

扶芳藤景观

斑叶扶芳藤

金边扶芳藤

金边扶芳藤景观

中华常春藤

别名：爬墙虎
科属名：五加科常春藤属
学名：*Hedera nepalensis* var. *sinensis*

形态特征

气生根吸附型木质常绿大藤本。茎长可达30m，以发达的气生根攀援。单叶，互生，叶二型，革质、深绿色，有长柄；营养枝上叶三角状卵形至三角状长圆形，全缘或3浅裂；花果枝上叶菱状卵形至卵状披针形。伞形花序顶生，花小，淡白绿色，有微香。果实球形，红色或橙色。花期9~11月，果实翌年3~5月成熟。

适应地区

分布于华中、华南、西南地区及甘肃、陕西等省，现秦岭以南各省区均有栽培。

生物特性

暖温带植物，极耐阴，在较强光照的环境也能生长。喜温暖、湿润，有一定的耐寒性，能耐短暂-5℃低温。不择土壤，以湿润、肥沃的中性、微酸性土最适宜，有一定的耐旱、耐贫瘠能力。对氯气抗性较强。在华北地区宜选小气候良好的稍阴环境栽培。

中华常春藤景观

中华常春藤景观

繁殖栽培

主要采用播种、扦插方法繁殖。扦插最好是春季，秋季也可进行，插后约半个月生根。种子成熟后，揉去外果皮，即可播于阴地，约半个月发芽。耐粗放管理。宜湿润、肥沃、疏松、排水良好的土壤，栽培地宜适当阴凉。定植成活后需加以修剪，促进分枝，调整株形和增加覆盖度。墙面绿化如在阳面，应有大树或其他物体稍遮阳光。病虫害很少，不需特别护理。

景观特征

枝叶稠密，四季常青，叶色光亮、叶姿柔和，春季红果映衬于绿叶之间，更加美丽动人，且生性顽强，病虫害少，攀附力强，是优美的立体景观植物。

园林应用

常绿吸附型中绿化应用的常见种类。可用于建筑物墙面阴面、半阴面、岩面、假山、石柱、墙垣、坡坎、绿廊等处作攀附或垂吊式绿化，能给人们的生活增添活力。

中华常春藤果实

中华常春藤景观

✻ 园林造景功能相近的植物 ✻

中文名	学名	形态特征	园林应用	适应地区
常春藤	*Hedera helix*	常绿，幼枝有星状毛。单叶互生，营养枝上的叶 3~5 浅裂，花果枝上的叶不裂。核果，熟时黑色。具丰富的品种，如花叶常春藤	同中华常春藤	适应黄河以南地区栽培

花叶常春藤

常春藤

常春藤景观

常春藤景观

常春藤景观

常春藤景观

量天尺

别名：三棱剑、白莲阁
科属名：仙人掌科量天尺属
学名：*Hylocereus undatus*

形态特征

攀援状肉质灌木，高 4~10m。茎肉质，具 3 棱，缘波状，深绿色，老茎基部稍木质化，具节，每节长约 50cm，借气生根攀附于大树等处进行生长。花单生于肉质茎侧的刺座旁，漏斗形，长 25~30cm，直径 30~35cm，白色，具芳香；雄蕊多数；子房下位，1 室。浆果椭圆形，径 10cm，红色。种子倒卵形，黑色。花期 5~9 月，果期 7~11 月。品种有红龙果（cv. Fonlon）。

量天尺景观

适应地区

多攀附于树上或岩壁上，世界热带地区多有栽培。

生物特性

具有夜间开花的习性。喜阳光充足的环境，但在疏阴的环境也能较好生长。喜湿度较高的气候，对干旱有较强的耐受性，土壤环境需偏干，过潮湿易烂根。喜温暖至高温的环境，在 18~31℃的范围内生长良好，对寒冷的耐受性差。

量天尺景观

繁殖栽培

多采用扦插的方法繁殖。可在每年 4~8 月进行，将茎截为 10cm 或更长，约 1 个月即可生根。宜选用富含腐殖质、疏松的砂质壤土进行栽培，排水、日照条件须良好。浇水不宜过多，即使在夏、秋季生长旺盛阶段也不宜过多，一般应使土壤处于偏干的状态。定植时可施适量的基肥，以后生长阶段可每隔半个月施一次稀薄的液体肥料。越冬温度不宜低于 10℃，否则植株特别容易腐烂。易受茎腐病的侵害，需及早防治。

景观特征

植株高大，茎 3 棱，虽貌不惊人，但却另类而别致。花大，漏斗形，白色，具芬芳。其果形状椭圆，颜色鲜艳而久留，整株给人以生命顽强、灿烂之感。

量天尺植株盛花

量天尺幼果

量天尺花蕾

园林应用

在冬季温暖、湿润的地区可露地栽培，可用于大型公园、风景园区的岩壁、山石蔓延，也可用于庭院、小区的墙面、栅栏攀援，或应用于大树、墙垣等较大物体作搭配和点缀。

量天尺景观

凌霄

别名：紫葳、中国凌霄、大花凌霄
科属名：紫葳科凌霄属
学名：*Campsis grandiflora*

形态特征

落叶木质藤本。茎长可达 20m，借气生根攀援他物向上生长。树皮灰褐色，有细条状纵裂沟纹。奇数羽状复叶对生，小叶 7~11 片，长卵形至卵状披针形，先端渐尖，边缘具粗锯齿。聚伞圆锥花序顶生，花大型，花冠漏斗状，鲜红色或橘红色，花两性，两侧对称，雄蕊 4 枚，子房 2 室。蒴果具柄，细长如荚。种子多数，扁平，有 2 枚大型膜翅。花期 7~9 月，果期 9~11 月。

凌霄景观

适应地区

原产于中国中部和东部，各地均有栽培。

生物特性

喜阳光充足的环境，略耐阴蔽，但若过于阴蔽，植株的生长速度较慢，开花较少。喜温暖的气候，稍耐高温，但对寒冷有较强的耐受性，生长适温为 14~28℃。喜微潮、偏干的环境，稍耐干旱，忌湿涝。对土壤适应能力强，在疏松、肥沃的酸性或中性土壤生长旺盛。

繁殖栽培

以扦插繁殖为主，也可采用压条、分株及播种法繁殖。扦插多选带气生根的硬枝，于春季扦插。压条春、夏季均可进行，分株宜在春季。播种繁殖可于春季进行，覆土需薄，保持湿度，7~10 天可发芽。栽培土质宜选用疏松、肥沃的砂质壤土，排水、光照条件须良好，新定植的植株应保证水分供应，当长至数米高之后，一般情况下，自然降水即可满足水分的需求。对肥料的需求不高，植株开花前、秋季落叶后应分别追肥一次；每年需要冬剪，疏除过干枯枝。较大的植株在北方地区可露地越冬。

景观特征

柔条纤蔓缭绕盘旋，喜欢依树攀架附于他物节节生高，高可达数丈。其花形似金钟，一串串簇压在纤纤蔓端，随风摇曳，景色动人，令人奋发向上。

园林应用

是一种中国园林中历史悠久的传统花木。宜于庭院之中依附大树、石壁、墙垣栽植，也可运用在公园、游园之中，配植于石隙、岩崖、假山、花廊之间垂悬而下。它又是公共设施装饰棚架、花廊、花门的好材料，还可植于旷地上做地被灌丛，或盆栽置于高架之上。

凌霄花枝

凌霄枝叶

凌霄景观

凌霄景观

凌霄景观

✻ 园林造景功能相近的植物 ✻

中文名	学名	形态特征	园林应用	适应地区
美国凌霄	*Campsis radicans*	小叶 9~13 片，叶背至少沿中脉有毛。花冠较小，筒较长，橘黄色	同凌霄	原产于北美洲

凌霄景观

凌霄景观

美国凌霄

凌霄景观

凌霄景观

络石

别名：石龙藤、耐冬、白花藤
科属名：夹竹桃科络石属
学名：*Trachelospermum jasminoides*

形态特征

常绿木质藤本。有白色乳汁，茎红褐色，有气根，幼枝密被短柔毛。叶对生，革质，椭圆形或卵状披针形，长 2~10cm，宽 1~4.5cm，先端尖，钝圆或微凹，下面疏生短柔毛；叶柄短，有毛。聚伞花序腋生和顶生；花萼 5 裂，裂片线状披针形，花后外卷；花冠白色，高脚碟状，裂片 5 枚，向右覆盖；花冠筒中部以上扩大，花冠喉部有毛；雄蕊 5 枚，着生于花冠筒中部；心皮 2 枚，离生。蓇葖果圆柱状，长 15cm。种子线形而扁，顶端有白色种毛。花期 4~6 月，果期 8~10 月。栽培品种不多，常见的有斑叶络石（cv. Variegatum），叶具白色至浅黄色斑纹，叶缘乳白色。

络石景观

络石景观

适应地区

除新疆、青海及东北地区外，全国均有分布。

生物特性

喜阳光较充足或疏阴的环境，对阴蔽有较强的耐性。喜微潮偏干的土壤环境，有较强的耐旱能力，但忌水渍。喜温暖的气候，耐寒性不强，可耐轻微霜冻，在 18~28℃的温度范围内生长良好。在中性或微酸性土壤中均能适应。

繁殖栽培

一般以压条繁殖为主，多在每年 5~6 月进行，经过 1 个多月即可成苗。也可采用播种、扦插等方法繁殖。栽培土质以肥沃、疏松的壤土为宜，排水条件需良好，每天接受散射日光不少于 4 小时。在夏、秋季生长旺盛阶段应保证供水充足。对肥料的需求较多，生长阶段应每隔 2~3 周追肥一次。夏季高温时节忌日光直射，冬季可接受全日照。越冬温度不宜低于 5℃，我国北方地区不能露地越冬。

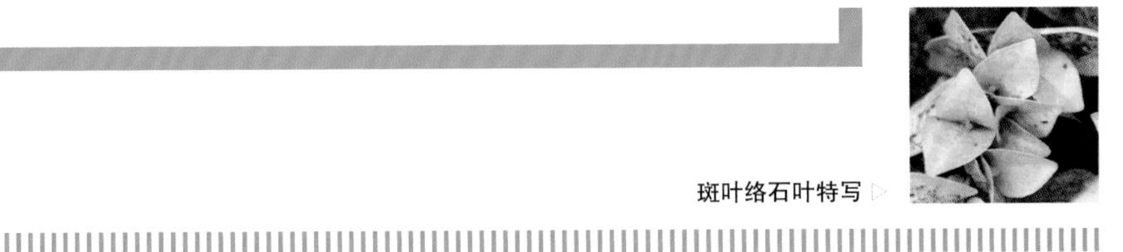

斑叶络石叶特写

*** 园林造景功能相近的植物 ***

中文名	学名	形态特征	园林应用	适应地区
锈毛络石	*Trachelospermum dunnii*	高达 15m，各部被锈色毛。叶近革质，基部钝圆至浅心形。花白色	同络石	产于湖南、贵州、广东及广西

景观特征

植株攀援向上，因其常攀附岩石或墙壁上呈网状覆盖，故而得名。枝繁叶茂，叶片青翠宜人，四季常青；藤蔓美观，倚物而生；小花柔美可爱，入夏更是白花似雪，清秀芬芳。

园林应用

为优美的攀援植物。可用于家居庭院的棚架、篱栅、篱垣等处美化，或用于公园、景区的花亭、花廊装饰，也可攀援树上或点缀假山、陡壁，无不相宜。又可做地被材料。

络石花序

斑叶络石景观

络石景观

合果芋

别名：白蝴蝶、剑叶芋、长柄合果芋
科属名：天南星科合果芋属
学名：*Syngonium podophyllum*

形态特征

多年生草质藤本。茎上具较多气生根，可以攀附他物生长。叶互生，具长柄，幼叶为单叶、箭形或戟形，老叶成5~9裂的掌状叶，初生叶淡绿色，成熟叶深绿色，叶脉及其周围黄白色。佛焰苞浅绿色。用于垂直绿化常用的品种为白蝶合果芋（cv. White Butterfly）。

适应地区

原产于中南美洲的巴拿马至墨西哥，现广泛栽培。

生物特性

起源于热带，喜高温、多湿的环境，15℃以下则生长停止。广州、南宁以南各地可露地越冬。耐阴性强，喜散射光，需遮阴。

繁殖栽培

可用扦插繁殖。温度稳定在15℃以上时，用长10~15cm的顶芽做插穗，最容易成活而且长势快。生长期间宁湿勿干，不积水，以免烂根。生长阶段应遮阴50%以上，同时注意控制施肥量，防止徒长，影响观赏效果。

合果芋景观

景观特征

株形优美，叶形别致，色泽淡雅，清新亮泽，富有生机。

园林应用

栽培合果芋在南方各省区十分普遍，除做盆栽外，还可用于悬挂作吊盆观赏或设立支柱造型，更多则用于室外半阴处做地被覆盖。

＊园林造景功能相近的植物＊

中文名	学名	形态特征	园林应用	适应地区
心叶树藤	*Philodendron oxycardium*	小型吸附型草质藤本。叶小型，卵形至圆形，长8~10cm，宽6~8cm，基部近心形	同合果芋	同合果芋
红背蔓绿绒	*P. imbe*	吸附型草质藤本。叶大型，紫红色，阔披针形，长25~30cm，宽15~20cm，基部戟形，具有长柄	同合果芋	同合果芋
绿宝石蔓绿绒	*P.* cv. Emerald	大型吸附型草质藤本。叶大型，绿色，阔披针形，长25~30cm，宽15~20cm，基部戟形，具有长柄	同合果芋	同合果芋

合果芋叶特写

心叶树藤

红背蔓绿绒景观

合果芋景观

合果芋景观

绿萝

别名：黄金葛
科属名：天南星科绿萝属
学名：*Scindapsus aureus*

形态特征

多年生草质攀援藤本。茎上具较多气生根。叶互生，具长柄，叶片长圆形，基部心形；幼叶较小，长6~10cm，宽6~8cm；老叶大型，长60cm，宽50cm，深绿，革质，光亮，叶面有黄色斑块。佛焰苞白色。品种有白金葛（cv. Marble Queen）、黄金葛（cv. All Gold）。

绿萝景观

适应地区

原产于美洲热带，现广泛栽培。

生物特性

起源于热带，喜高温、多湿的环境，15℃以下则生长停止。华南及西南冬季温暖地区可露地栽培。耐阴性强，喜散射光，需遮阴。

绿萝景观

繁殖栽培

扦插繁殖。温度稳定在15℃以上时，用长10~15cm的顶芽做插穗，最容易成活而且长势快。生性强健，极易栽培。植株多分枝，老枝枯叶应适当修剪。若氮肥过多，黄斑不明显，应注意避免。干燥季节多向叶面喷水。

景观特征

叶片金绿相间，枝条悬挂下垂，可作柱式或挂壁式栽培。攀援于古木大树，既具山野气息，又具热带风光。

园林应用

园林中常用于阴蔽环境作垂直绿化，装饰假山、石壁和矮墙。攀爬大树是热带地区常见的绿化方式，效果良好。可做阴地地被，盆栽还可做爬柱造型，用于布置墙面、厅堂等处。

绿萝景观

绿萝叶片特写

＊园林造景功能相近的植物＊

中文名	学名	形态特征	园林应用	适应地区
黄斑绿萝	*Scindapsus magalophylla*	叶全缘，卵形，稍肥厚，长 10~30cm，翠绿色，杂有黄色斑纹	同绿萝	同绿萝
银星绿萝	*S. pictum* cv. Argyracus	叶面具银色白斑点	同绿萝	同绿萝
毛过山龙	*Rhaphidophora hookeri*	大型吸附型草质藤本。叶大型，长圆形，长 50~60cm，宽 25~30cm，基部圆形，具长柄	同绿萝	同绿萝

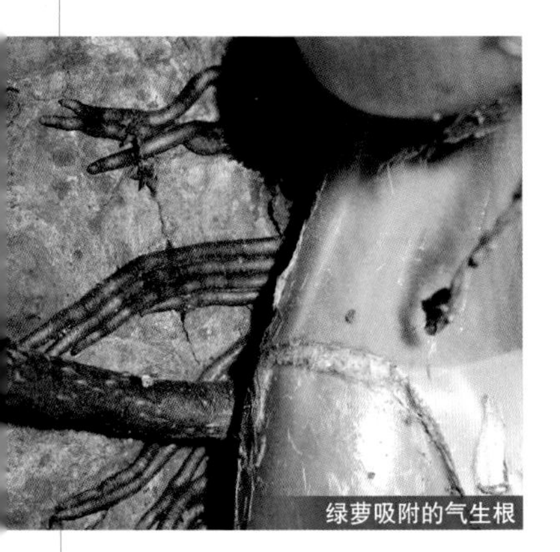
绿萝吸附的气生根

毛过山龙景观

毛过山龙景观

麒麟尾

别名：蓬莱蕉、龟背竹、爬树龙、飞天蜈蚣
科属名：天南星科麒麟尾属
学名：*Epipremnum pinnatum*

麒麟尾叶特写

形态特征

草质大藤本。茎粗厚，直径约 2.5cm，节上生根。叶极大，具长柄，幼时狭披针形或披针状矩圆形，基部短心形，全缘，成长时阔矩圆形，羽状深裂几达中脉上，长 30~60cm，宽 20~40cm；裂片 4~10 对，剑形而稍弯，宽 3~7cm，两端几等宽；叶柄长 20~40cm。花序柄圆柱形，粗壮；佛焰苞外面绿色，里面淡黄色；肉穗花序无柄，圆柱形。

麒麟尾景观

适应地区

分布于马来西亚、澳大利亚及太平洋群岛和中国南部。

生物特性

攀附于热带雨林的树木或崖壁上。喜温暖、湿润的半阴环境，忌霜冻和强光直射。较耐旱，也能适应光照较少的环境。要求土壤深厚、肥沃、排水畅通，夏季注意遮阳，保持湿润。不耐寒，越冬温度约 10℃。

繁殖栽培

多用扦插繁殖。一般于生长季剪取茎段 2~3 节，剪去一半叶片，然后插入河沙和腐叶土掺半的基质中，阴蔽、保温，在温度 20~25℃时，1~2 周即可生根。种植时加少量基肥。为保证良好的株形，可让茎蔓环绕立柱正面，并加以绑扎固定。生长期要充分浇水，气候干燥时向叶面及立柱喷水，有利于气生根攀附及植株生长。生长季每月施 2~3 次稀薄液肥。由于其叶片较薄且耐阴性强，配置场地要避免阳光直射，否则叶片容易灼伤。

景观特征

叶片浓绿有光泽，整体线条柔和，叶形独特且富于变化，层次感极强。以气根攀于乔木或石上，叶羽状分裂如麒麟之尾，故有此名。是阴地石壁、树干绿化的优良材料。

园林应用

攀附山石、崖壁、墙面均甚相宜。在广州等南方地区可露天越冬，常配置于墙边、花架、石柱等处，作为垂直绿化、点缀环境之用。是很好的室内大型垂直绿化材料，可装饰大厅。茎叶可供药用。

*** 园林造景功能相近的植物 ***

中文名	学名	形态特征	园林应用	适应地区
龟背竹	*Monstera deliciosa*	吸附型草质藤本。叶大型，长圆形，长、宽都为 60~100cm，基部圆形，具有长柄	同麟麟尾	同麟麟尾

扁叶香荚兰

别名：香子兰、香草兰、香果兰
科属名：兰科香子兰属
学名：*Vanilla planifolia*

扁叶香荚兰花蕾

形态特征

多年生攀援状藤本。茎肉质或半肉质，圆柱形。叶互生，近无柄，长椭圆形或宽披针形，先端渐尖或急尖。总状花序，腋生，由约 20 朵的花组成，绿色或黄绿色；萼和花瓣窄披针形或窄倒卵形，唇瓣窄，喇叭状，短小，具小圆齿裂片。蒴果，三角形，长 5~10cm。花期 2~6 月。

适应地区

我国福建、广东、广西、云南、台湾均有栽培。

生物特性

喜较阴蔽的环境，阳光太足对其生长有较大的影响。喜温暖至高温的气候，生长适温为 21~32℃，对寒冷的耐受性差，10℃以下植株将会受寒害。喜湿润的环境，对干旱的耐受性不强。在 pH 值为 6.0~6.5 的微酸性土壤中生长良好。

扁叶香荚兰枝叶特写

扁叶香荚兰景观

繁殖栽培

繁殖可采用播种、扦插和茎尖组织培养等方法进行。该种植物有附生习性，对土壤的透水通气性能要求较高。耐阴性好，栽培需要半阴或阴蔽的环境。栽培前期及早搭架，注意引导茎蔓攀援上架形成景观。

景观特征

植株攀援，茎枝缠绕向上，叶片错落有致，形状别致，肥厚肉质。花朵大，淡绿色，素雅平和，花形美观，犹如蝴蝶展翅，又似美人起舞，点缀于片片绿叶之间，煞是好看。

园林应用

是一种优良的园林观赏植物。可用于庭院、花园中花架、花篱等处装饰，或用于公园、景区等处花台、廊柱、花格等处点缀，也可用于家居阳台上垂直绿化。该藤本植物也是优良的香料植物，热带地区可规模化生产。

第五章

蔓生类藤蔓植物造景

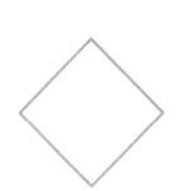

造景功能

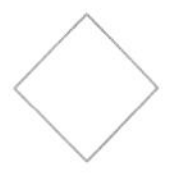

该类植物没有特殊的攀援器官和自动缠绕攀援的能力，通过一定的栽培配置方式发挥其茎细弱蔓生的习性作垂直绿化造景，园林中常作悬垂布置或地被植物。此类植物种类不少，是园林绿化中常用的藤本植物。

越南悬钩子

别名：蛇泡筋、鸡足刺、猫枚筋
科属名：蔷薇科悬钩子属
学名：*Rubus cochinchinensis*

形态特征

攀援有刺灌木。掌状复叶常具5小叶，上部有时具3小叶，小叶片椭圆形、倒卵状椭圆形或椭圆状披针形，顶生小叶比侧生者稍宽大，顶端短渐尖，基部楔形，上面无毛，下面密被褐黄色茸毛，边缘有不整齐锐锯齿；叶柄幼时被茸毛，老时脱落；托叶较宽，扇形，掌状分裂，裂片披针形。花顶生，圆锥花序，或腋生近总状花序，也常花数朵簇生于叶腋；苞片掌状或梳齿状分裂，早落；花直径8~12mm；花萼钟状，无刺，萼片卵圆形，顶端渐尖；花瓣近圆形，白色，短于萼片；雄蕊多数，花丝钻形，无毛；花柱长于萼片。果实球形，幼时红色，熟时变黑色。花期3~5月，果期7~8月。

适应地区

产于我国广东、广西。泰国、越南、老挝、柬埔寨也有分布。

生物特性

热带、亚热带植物，喜温暖，稍耐寒。要求阳光充足的环境，不耐阴。对土壤没有特别要求，适宜肥沃的酸性土壤。

越南悬钩子景观

繁殖栽培

主要采用播种繁殖，秋季是播种的良好季节，果实成熟后随采随播。扦插繁殖在春季进行。悬钩子属植物大多是野生的有刺藤蔓植物，管理粗放，适应性强。栽培时施足基肥，生长期适当补充水、肥即可。冬春季节注意修剪和茎蔓的整理引导，保持景观良好。

景观特征

依附向上，枝繁叶茂，生长旺盛，叶色鲜艳，花朵小巧，秀丽美观，颜色素雅。盛花时节，

✻ 园林造景功能相近的植物 ✻

中文名	学名	形态特征	园林应用	适应地区
锈毛莓	*Rubus reflexus*	叶通常掌状5浅裂，叶面、叶背近光滑。聚伞花序	同越南悬钩子	同越南悬钩子
华中悬钩子	*R. cockburnianus*	茎被厚蜡质，呈灰白色。1回羽状复叶，小叶5~7片	同越南悬钩子	同越南悬钩子
粗叶悬钩子	*R. alceaefolius*	叶通常不规则的5浅裂，叶面有囊泡状小凸起，被粗毛，叶背被密茸毛。总状花序	同越南悬钩子	同越南悬钩子

朵朵小花成簇点缀于绿叶之间，给平淡的绿色景观增添另类色彩，可营造乡野田园风光。

园林应用

一种良好的园林乡土绿化材料。可用于庭院、中国墙、棚架等处绿化，或用于公园的篱垣、花架等处垂直美化，也可用于小区、公共绿化区等处围栏、山石等作装饰。

锈毛莓叶的特写

华中悬钩子茎叶特写

锈毛莓景观

华中悬钩子景观

簕杜鹃

别名：叶子花、九重葛、毛叶子花、红苞藤
科属名：紫茉莉科叶子花属
学名：*Bougainvillea spectabilis*

形态特征

木质攀援状藤本，高 2~3m。枝叶均密生柔毛；茎灰色，拱形下垂，具弯刺。单叶互生，卵形或卵状披针形，全缘，长 4~6cm，宽 3~4cm，有绿叶类型和花叶类型。花顶生，常 3 朵簇生于新梢枝端，每朵花生于叶状的大苞片内，苞片卵圆形，紫红色。瘦果具 5 棱。花期自 11 月至翌年 6 月。品种繁多，既有本种和光叶叶子花的品种，又有二者杂交形成的杂交种，类型多样，花色丰富。

适应地区

我国各地均有栽培，以露地布置在温暖的南亚热带和热带为多。

簕杜鹃的花色品种

生物特性

喜阳光充足，是典型的短日照植物。短日照环境下，植株长势良好，开花较多。喜温暖环境，对寒冷的耐受性差，15℃以上才可开花，当温度低于 12℃时，叶片易脱落。喜湿润气候，稍耐干旱，忌水涝。对土壤要求

簕杜鹃景观

簕杜鹃的花色品种

不严，可耐贫瘠，在含矿物质丰富的壤土中生长良好。

繁殖栽培

多采用扦插法繁殖，也可用高压和嫁接法。扦插以每年 3~6 月为宜；采用高压法繁殖约 1 个月生根。栽培土质以富含腐殖质、疏松的砂质壤土为佳，排水、日照条件须良好。在夏季高温时节应供水充足，而进入冬、春季低温阶段需控制浇水。对肥料的需求依温度的高低而变化，温度较高可多施肥，温度较低则少施，在春、夏季生长旺盛阶段，应每隔半个月施一次液体肥。越冬温度不宜低于 10℃。常见病害有叶斑病。

景观特征

植株茂密，枝条蔓长，叶色草绿，花生于枝端，而真正观赏的重点是包于花外的紫红色苞片，其色彩鲜艳如花瓣；花开时挂满枝头，形成姹紫嫣红、满园春色的景观。

园林应用

是一种常见的观赏灌木。开花持续时间长，为庭院、小区棚架、围墙、屋顶和各种栅栏等的优良绿化材料，又可于公园、游览区、景点处做攀附花格、花廊的材料，还可做观赏盆景或绿篱。因其耐修剪，可修剪造型。

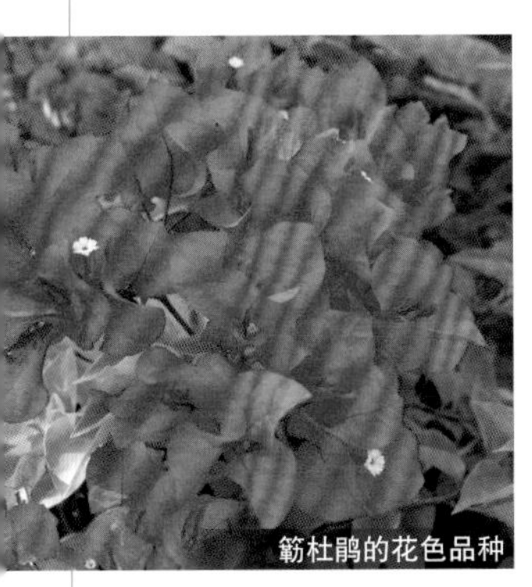
簕杜鹃的花色品种

簕杜鹃的花色品种

簕杜鹃的花色品种

簕杜鹃的花色品种

簕杜鹃的花色品种

*** 园林造景功能相近的植物 ***

中文名	学名	形态特征	园林应用	适应地区
光簕杜鹃	*Bougainvillea glabra*	常绿藤本，枝条可长达 10m 以上，光滑。叶片有光泽。苞片有紫红色、鲜红色和玫瑰红色。耐寒能力较强	同杜鹃	我国长江流域以南地区均可露地栽培

簕杜鹃景观

光簕杜鹃景观

光簕杜鹃景观

光簕杜鹃景观

光簕杜鹃景观

木香

别名：木香藤、七里香、锦棚儿
科属名：蔷薇科蔷薇属
学名：*Rosa banksiae*

形态特征

落叶或半常绿藤本。枝条长达 6m，树皮初时为青绿色，渐变成褐色，并呈片状剥落。幼枝呈拱形，节间长，光滑无针刺或疏生少数钩刺。奇数羽状复叶，互生，小叶 3~5 片，也有少数为 7 片，卵形或矩圆状披针形，叶缘波状具细锯齿，叶背中脉基部有毛；叶柄上有柔毛；托叶线形，与叶柄离生，早落。花常数朵聚成伞形花序，生于枝端，花冠白色或淡黄色，单瓣或重瓣，具浓香。果实球形，大小似豌豆，成熟后为红色。花期 4~7 月，果期 9~11 月。栽培品种很多，常见的有重瓣白木香（var. *alboplena*）、重瓣黄木香（var. *lutea*）、黄木香（var. *lutescens*）、白木香（var. *normlis*）。

木香景观

适应地区

原产于我国中部、西南部，长江流域各省区均有野生分布。南北各地园林、庭院广为栽培。

生物特性

喜阳光充足的环境，也可耐半阴。喜冷凉至温暖气候，生长适温为 14~27℃，对寒冷有较强的耐受能力，对高温气候也有一定程度的耐受性。喜湿润，畏水湿，忌积水，否则易烂根，严重时会导致植株死亡。喜肥沃、排水良好的酸性砂质壤土。

繁殖栽培

以扦插繁殖为主，硬枝扦插和软枝扦插均可，也可压条和嫁接。一般于春节后用硬枝扦插或立秋后用软枝扦插。栽培土质宜选用肥沃的砂质壤土，排水、日照需良好。需水不多，但生长旺盛阶段应保证水分的供应。除在定植时施用基肥外，生长阶段可以适当补充。冬季植株落叶后要对其进行短截，以除去病枝、交叉枝、枯死枝、瘦弱枝。预防白粉病、黑斑病危害，易遭到梨圆蚧、螨类等有害动物的侵袭，应及时采取措施处理。

景观特征

自古以来，木香就深受人们喜爱，宋代徐积诗句中就有“仙子霓裳曳绀霞，琼姬仍坐碧云车。谁知十日春归去，独有春风在慎家”，以凌空仙子、琼姬来描绘木香仙姿绰约的形象。其茎干遒劲攀援，株形潇洒，枝叶扶疏，蔓翠攀援，秀叶纷飞。花形美丽，芬芳扑鼻，白者宛若香雪，黄者灿若鎏金。

园林应用

是垂直绿化的理想材料。可种于花柱、绿门、花架旁，也可广泛用于棚架、花格、篱垣装饰，或用于崖壁、墙壁上作垂直绿化，还可在假山旁、墙边或草地边缘种植。

重瓣黄木香花序

木香树干

白木香景观

白木香景观

白木香景观

白木香景观

重瓣白木香景观

重瓣黄木香花枝

重瓣白木香花枝

重瓣白木香花枝

重瓣黄木香景观

月季

别名：现代月季、藤本月季
科属名：蔷薇科蔷薇属
学名：*Rosa hybrida*

形态特征

藤状灌木。枝干特征因品种而不同，有直立向上的直生型、外侧生长的扩张型、低矮的矮生型和匍匐型、枝条呈藤状依附他物向上生长的攀援型；枝干一般均具皮刺，皮刺的大小、形状疏密因品种而异。叶互生，由3~7片小叶组成奇数羽状复叶，卵形或长圆形，有锯齿，叶面平滑具光泽，或粗糙无光。花单生或丛生于枝顶，花型及瓣数因品种而有很大差异，色彩丰富，有些品种具淡香或浓香。在现代月季中，攀援月季（cv. Climbing）和蔓性月季（cv. Rambler）两个品种群具有藤蔓性质，品种繁多，常见的有藤和平、藤墨红、藤桂冠等。

适应地区

现代月季的栽培已遍布世界各地，被列为世界五大切花之一。

生物特性

有连续开花的特性。喜日照充足，稍耐半阴。喜温暖的环境，生长适温白昼为15~26℃，夜间为10~15℃，较耐寒，一般可耐-15℃低温，冬季气温低于5℃即进入休眠，如夏季高温持续30℃以上，则开花减少，品质降低，进入半休眠状态。喜湿润的气候和偏干的土壤，土壤的适应范围较广，喜肥沃、疏松的微酸性土壤。

繁殖栽培

繁殖以嫁接、扦插为主，播种及组织培养等为辅。常用的嫁接砧木有野蔷薇、粉团蔷薇、白玉棠（蔷薇）等。栽培土质宜选用富含有机质、疏松的砂质壤土，应选背风向阳排水

月季景观

良好的处所。除需施基肥外，生长季节还应每隔2~3周追施一次肥料。除休眠期修剪外，生长期还应注意摘芽、剪除残花枝和砧木萌糵。最常见的病害有白粉病、黑斑病等，主要虫害有蚜虫、朱砂叶螨等。

景观特征

攀援性月季在园林立体绿化中不但景观效果良好，而且观赏性很好。茎与叶具有刺，逐月一开，四时不绝，杨万里在《月季花》中形象地刻画了其色香姿韵，“只道花无十日红，此花无日不春风。一尖已剥胭脂笔，四破犹包翡翠茸。另有香超桃李外，更同梅斗雪霜中。折来喜作新年看，忘却今晨是季冬。”

园林应用

花大而香，是名贵的观赏植物。其藤本品种是适宜在我国大部分地区推广的攀援绿化植物。可用于公园、游园中花架、花墙、花篱、花门等处攀爬，或做庭院、家居中棚架和阳台的绿化观赏材料。

月季花特写

月季景观

月季景观

月季景观

月季景观

月季景观

月季景观

月季景观

多花蔷薇

别名：野蔷薇、蔷薇
科属名：蔷薇科蔷薇属
学名：*Rosa multiflora*

形态特征

落叶或常绿皮刺型蔓性灌木。植株蔓延或攀援状，皮刺短粗，稍下弯。叶互生，奇数羽状复叶，小叶5~11片，卵圆形至倒卵形，有锯齿；托叶篦齿状。花多密集成圆锥状伞房花序，花冠白色或略带红晕，单瓣或半重瓣，单瓣花瓣5枚，有花香。果球形，红色。花期4~7月，果期10~11月。其栽培变种繁多，常见的有十姐妹（cv. Platyphylla），花重瓣，玫红色；粉团蔷薇（cv. Cathayensis），花粉红色，单瓣；荷花蔷薇（cv. Carnea），花重瓣粉红色，多花成簇；白玉棠（cv. Albo-plena），花白色，重瓣，皮刺较少或无。

多花蔷薇景观

适应地区

我国产于华北、华东、华中、华南及西南等地区。

生物特性

喜阳光充足的环境，对半阴蔽的环境也有耐性。喜温暖的气候，生长适温为15~26℃，对寒冷有较强的抗性。喜湿润气候和偏干的土壤，对水湿的耐受性差，忌积水。对土壤贫瘠有较强的耐受能力，喜深厚、肥沃、疏松的土壤。

多花蔷薇花特写

繁殖栽培

繁殖以扦插为主，多在春季、初夏或早秋进行，用嫩枝和硬枝均可。也可用压条、嫁接和分株等方法。压条可于雨季进行，分株最好在春季萌芽前进行。管理较为粗放，入冬前应进行修剪，剪除过密枝和枯枝。主要虫害有蔷薇叶蜂。

多花蔷薇花序

多花蔷薇景观

景观特征

姿态优美，枝繁叶茂，初夏开花，花团锦簇，鲜艳夺目，青枝绿叶与浓艳、芳香的繁花相互辉映，景色宜人，古有诗云“绿树阴浓夏日长，楼台倒影入池塘。水晶帘动微风起，满架蔷薇一院香。”

园林应用

是绿化的优良材料。庭院中可用于花篱、棚架、墙面配置，园林中可植于花架、花格、绿廊、绿门、绿亭、花柱之下，也可披垂于山石、墙垣、堡坎、水池坡岸，均能形成良好的景观。

＊园林造景功能相近的植物＊

中文名	学名	形态特征	园林应用	适应地区
金樱子	*Rosa laevigata*	攀援灌木。羽状复叶，互生，小叶常 3 片。花大，白色，芳香。果倒卵形，橘红色	同多花蔷薇	产于我国中部与南部各省区

多花蔷薇景观

多花蔷薇景观

多花蔷薇景观

金樱子花、叶特写

金樱子景观

云实

别名：药王子、牛黄刺、倒钩刺
科属名：苏木科云实属
学名：*Caesalpinia decapetala*

形态特征

落叶攀援灌木，高可达5m。枝干、叶轴均有倒生弯曲钩刺，枝先端拱状下垂或攀援。叶偶数2回羽状复叶，小叶6~16对，对生，小叶膜质，长椭圆形，先端微凹，全缘，表面绿色，背面略带白粉，疏生柔毛。5~6月新梢或叶轴下开黄花，总状花序，雄蕊10枚。荚果长椭圆形，长6~11cm。种子黑棕色，9~10月成熟。

云实景观

适应地区

原产于我国长江以南山区，亚洲热带地区广泛分布，现各地普遍栽培。

生物特性

阳性偏阴树种，喜温暖、湿润气候和阳光充足、通风良好的环境，不甚耐寒，在18~28℃的温度范围内生长较好。适应性较强，对土壤要求不严，能耐瘠薄，较耐干旱，除盐碱地外都能生长，在疏松、肥沃的土壤中生长旺盛。

繁殖栽培

以播种繁殖为主，多采用秋播或春播。秋播则采种后立即播种，春播可于翌年3月进行。也可采用扦插法进行育苗。对土壤适应性强，但最好采用土层深厚的砂质壤土，栽植在地势较高、阳光充足之地。生长旺盛阶段应保证水分的供应，并每隔2~3周追肥一次。在每年春季植株未萌芽前，将枯死枝、细弱枝进行修剪。由于生长年限较长，应设立永久性支架。有白粉病及天牛等病虫害，注意防治。

云实的枝叶和刺

云实的茎生刺

云实的花特写

云实景观

景观特征

枝蔓粗壮，攀援性强，叶型秀丽、舒爽，春末夏初，黄花成串，鲜艳夺目，引蜂、引蝶又引人，是观花、观叶又观姿的优秀藤本植物。进行棚架栽培或做绿篱使用，均能给环境添姿添色。

园林应用

具有优美姿态和粗壮枝蔓且钩刺尖锐、攀援性强的云实，在我国南方地区可普遍栽培，宜用于绿篱、花架、墙垣、山石、岩坎作攀援绿化，也可沿庭园栅栏种植用做刺篱。

云实花序特写

云实景观

蔓长春

别名：缠绕长春花、长春蔓
科属名：夹竹桃科蔓长春花属
学名：*Vinca major*

形态特征

常绿半木质蔓生亚灌木。丛生，营养茎偃卧或平卧地面，开花枝条直立，高 30~40cm。叶对生，阔卵形或椭圆形，先端急尖，绿而有光泽，长 3~7cm；开花枝上的叶柄短，全株除叶缘、叶柄、花萼及花冠喉部有毛外，其他无毛。花单生于开花枝叶腋内，萼片 5 枚，线形，花冠径 3~5cm，紫蓝色，高脚碟状，蓝色，裂片 5 枚，顶端钝圆，花冠筒较短；雄蕊 5 枚。蓇葖果直立，长约 5cm。花期 4~7 月。主要栽培品种有花叶蔓长春（cv. Variegata），叶形稍小，叶缘有淡黄白色斑纹。

适应地区

我国江苏、浙江和台湾等地有栽培。

生物特性

适应性强，生长快。喜疏阴或半阴的环境，对阴蔽有较强的耐性。喜湿润的气候和较湿润的土壤环境，对干旱的耐受能力强。喜温暖的环境，稍耐寒，严寒时部分叶片可出现冻萎，最适生育温度为 15~25℃。可耐瘠薄，不择土壤。

繁殖栽培

繁殖可采用扦插、压条或分株的方式进行，通常以春、夏两季最适宜。栽培土质以肥沃、疏松的砂质壤土为宜，排水需良好。可于半阴处栽植，夏季以给予明亮的散射光为宜，避免阳光直晒，并适当喷水降温、增湿。正常降雨年份几乎全年不需浇水，生长期保证

花叶蔓长春景观

水分要充足。需肥量较大，可每月施肥 2~3 次。必要时还可进行摘心，以促进其分枝繁衍，使株形丰满。在温度不低于 0℃的环境中就可安然越冬。病虫害少。

蔓长春景观

景观特征

株形美观，枝蔓丰盈；叶片椭圆，脉理清晰，草绿色又稍带光泽；花蓝紫色，花虽不大，但花形别致，颜色少有，颇为吸引人。绿叶间点缀些许蓝紫色的小花，在炎炎夏日可给人以阵阵清新和凉意。

园林应用

可用于庭院中棚架、围墙美化，或用于公园、风景区中篱垣、绿廊、山石、堡坎垂吊装点，也可在室内盆栽作悬垂绿化或阳台上修饰。由于其适应性强、生长快，可用于荒滩、垃圾堆短时间的遮蔽。

蔓长春景观

橡胶紫茉莉

别名：伯莱花、大花桉叶藤
科属名：萝藦科隐冠藤属
学名：*Cryptostegia grandiflora*

橡胶紫茉莉花

形态特征

落叶藤本。茎干紫黑色，成丛，皮孔明显。叶对生，革质，叶端钝，具短突尖，叶基钝，全缘，叶长 10~12cm，宽 3~5cm，叶两面均平滑，羽状侧脉 8~12 对不太明显，仅中肋显著，无托叶；叶柄长 0.3~2cm。聚伞花序，有小花 6~12 朵，花梗长 0.4~0.8cm，光滑无毛；花冠径 5~8cm，高碟状，具阔冠筒，筒长 2~4cm，直径 1~1.7cm，淡粉红色，5 裂，裂片长 2~4cm，宽 1.3~2cm，瓣基彼此交叠，开张度较小。果 2 个水平对生，长 7~8cm，径 2~3cm，成熟时由绿色变褐色。花期 6~7 月。

橡胶紫茉莉景观

适应地区

原产于印度、马达加斯加。

生物特性

热带型植物，喜温暖甚至高温、高湿的环境，生长适温为 22~32℃。喜阳光充足，也可耐阴。栽培以肥沃的砂质壤土或壤土为佳。

橡胶紫茉莉花

繁殖栽培

常采用扦插、压条法进行繁殖，也可用播种法，春到秋季均能育苗。为热带型植物，应注意冬季防寒，亚热带地区可布置在避风环境，防冬季寒流袭击导致过早落叶。注意肥水管理，每季施肥一次。在冬季落叶时进行修剪。

景观特征

株形外表粗壮有力，枝条简洁明快，叶片小型，质厚发亮，是布置大型棚架的优良植物。其花紫色带粉，色彩鲜艳，花开而不张，有羞涩之美。果 2 枚水平对生，十分奇特。

园林应用

最近几年开始在热带、南亚热带地区园林中应用，主要用于大型花架、墙垣攀援绿化，也可做蔓性灌木布置于庭院和绿地。

非洲凌霄

别名：紫云藤
科属名：紫葳科
学名：*Podranea ricasoliana*

非洲凌霄花特写

形态特征

常绿木质藤本。缠绕茎可以达到 3.5m。叶对生，奇数 1 回羽状复叶，叶脉紫色；小羽片 11 片，深绿色，细锯齿，披针形，基部圆形。总状花序生于小枝顶端，花较大，直径 3~5cm；花萼钟状，浅粉色，5 裂，裂片短小；花冠 5 裂，裂片翻卷，粉红色，花冠颈部区域紫红色。

适应地区

我国南方地区有少量引种。

生物特性

对温度要求较高，喜温暖、无霜地区。栽培场地要求土壤肥沃、排水良好、湿润。对水分要求高，需充足水肥供应。喜光，耐半阴。

繁殖栽培

通常采用扦插繁殖，以夏季扦插为宜。取成熟饱满枝条做插穗，1 个月内可生根。也可播种繁殖，春播为好。植株攀援需要支撑物，幼苗生长到一定高度时，应及时设立棚架，牵引其上架。春至夏季是盛花期，每月追施复合肥一次，并保证充足的水分供应。每年早春应修剪一次，植株老化时应进行强剪。枝叶过密时也需要修剪。

非洲凌霄植株

非洲凌霄景观

景观特征

叶色翠绿，花繁叶茂，有繁花似锦、生机勃勃的气象，视觉冲击力强。种于阳台、凉棚，既给人阴凉的感觉，又带来美的冲击，是一种良好的藤蔓花卉。

园林应用

园林中适合墙垣、花架、绿篱种植，由于其花繁叶茂，景观气势好，色彩鲜艳，常作为园林中的主景植物配置。还可盆栽观赏，可装饰窗台、阳台。

金杯藤

别名：金杯花
科属名：茄科金杯藤属
学名：*Solandra nitida*

形态特征

常绿半蔓性灌木。叶互生，长椭圆形或长卵状椭圆形，先端突尖，全缘，侧脉 5 对，两面都为浓绿色，质地厚。花单生于各分枝末梢，花冠大型，杯状，淡黄色，有香气，直径可达 20cm 以上，花冠 5 浅裂，裂片向外卷曲，每一裂片中央有一条紫褐色条纹延伸至花冠喉部；花萼 5 裂；雄蕊 5 枚，自花冠筒伸出；子房 2 室。浆果球形，由宿存萼片所包被。春、夏季开花。

适应地区

我国南方地区有少量引种。

生物特性

喜温暖、湿润的环境，适应热带雨林气候。不耐寒，不耐旱，喜潮湿偏干、富含腐殖质的疏松土壤。喜光，较耐阴，生育适温为 20~28℃。

金杯藤植株

金杯藤景观

繁殖栽培

可用播种、扦插或压条法繁殖。由于不易结果，主要用扦插或高压法进行繁殖。栽培以排水良好的砂质壤土为佳，半日照生育较好。幼苗生长到一定高度时要设立支柱，牵引其上架。春至夏季是盛花期，每月追施复合肥一次，并保证充足的水分供应。每年早春应修剪一次，植株老化时应进行强剪。

景观特征

叶色浓绿，花朵又大又奇，像酒杯，也像漏斗，而且花瓣边缘向外反卷，花形雅逸，朵朵黄花点缀于绿叶之上，更添姿韵。种于阳台、凉棚，既给人阴凉的感觉，又带来美的冲击，是一种良好的藤蔓花卉。

园林应用

1950 年首次引进，推广较少，至今仍需继续推广应用。其蔓性甚强，是优良的阴棚、绿廊植物，适合墙垣、花架、绿篱种植，花具香气，也可当香花植物栽培。还可盆栽观赏，装饰窗台、阳台。

金杯藤花特写

金杯藤景观

金杯藤景观

金杯藤景观

硬骨凌霄

别名：四季凌霄、常绿凌霄、得克马树
科属名：紫葳科硬骨凌霄属
学名：*Tecomaria capensis*

形态特征

常绿蔓性灌木。直立或茎枝先端常缠绕攀援，枝蔓可长达 4~5m。奇数羽状复叶，具小叶 5~9 片；小叶卵形至长卵形，长 1.5~5cm，叶缘具细锯齿。总状花序顶生，花冠漏斗状，弯曲，长 5~6cm，先端 5 裂，二唇状，橙红色至鲜红色，具深红色纵向条纹，雄蕊突出于花冠之外。蒴果线形。种子扁平，具冠毛。花期 7~9 月，果期 9~11 月。品种有黄花硬骨凌霄（cv. Aurea），花冠黄色。

适应地区

原产于非洲南部好望角地区。现温暖地区广泛栽培。

生物特性

萌芽能力强，为阳性树种，喜阳光充足的环境，略耐阴，但若在阴蔽处则开花不佳。喜温暖的气候，对寒冷的耐受性差，稍耐高温。喜湿润的环境，对干旱有一定的耐受性。喜肥料充足，对土壤的要求不严，在排水良好、疏松的土壤中生长旺盛。

繁殖栽培

以扦插繁殖为主，也可采用分株、压条等方式进行。扦插多在每年 5~6 月进行，插穗可选用当年生的生长健壮的嫩枝，将其剪成长 8~12cm 的一段即可。栽培土质宜选用疏松、肥沃的壤土，排水需良好，光照需充足，每天接受的光照不得少于 4 小时，最好保持全日照。生长旺盛阶段可以每隔 2~3 周追肥一次。植株自然落叶后要对其进行修剪，以除去患病枝、交叉枝、枯死枝、瘦弱枝等。越冬温度不宜低于 4℃。

硬骨凌霄景观

景观特征

植株攀援，花枝从高处悬挂，柔条纤蔓，一簇簇红艳的花朵凌空抖擞，在碧绿叶片的衬托下鲜艳夺目，姿态婀娜，如遇微风，则随风飘舞，倍觉动人。

园林应用

可用于公园、岩石园等处的假山、石壁上攀援，以达到绿叶和山石相映成趣的效果。也可用于树木园中枯木、棚架美化，又可用于公共设施美化，如墙垣、门廊等处绿化。由于其花期长、花生于枝端的特点，又可应用为盆栽花木。

硬骨凌霄花序

硬骨凌霄景观

硬骨凌霄果实

硬骨凌霄景观

树牵牛

别名：南美旋花
科属名：旋花科番薯属
学名：*Ipomoea fistulosa*

树牵牛花枝

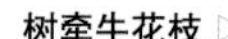

形态特征

多年生直立或斜立灌木。单叶互生，卵状至长卵状心形，长 8~15cm，先端尖，叶面绿色，叶背浅绿色，叶脉淡黄色，侧脉羽状，明显，下陷；叶柄长 2.5~8cm。花单生于叶腋或数朵簇生，花冠漏斗形，粉红或淡紫红色。蒴果卵形。种子褐色。花期春末至秋末。

树牵牛景观

适应地区

我国南方的台湾等低海拔地区有引种栽培。

生物特性

阳性植物，喜温暖、向阳的环境，喜光照，光照充足则开花繁茂。不耐寒，生长适温为 20~32℃。耐旱，也耐瘠薄，对土壤要求不严，以疏松、排水良好的砂质壤土为佳。

繁殖栽培

多用扦插繁殖，春至秋季均可进行。扦插枝条以半木质化、生长健壮的枝条为佳，基质可选用粗砂、泥炭土或无菌、疏松的营养土。插后遮阴养护，保持土壤湿润，半个月至 1 个月生根。栽培时选择向阳地段，定植前在定植穴内施足充分腐熟的有机肥。每年施肥 3~5 次，以速效性磷、钾肥及有机肥为主。干旱季节注意补充水分，过于干旱会影响植物生长发育。注意修剪整形，生育前期仅留 2~3 个主枝，待长至棚架上时再进行摘心，促发侧枝。

树牵牛花枝

景观特征

叶形漂亮，枝叶疏密有致；美丽的花朵犹如高奏凯歌的喇叭，身姿窈窕，花色素雅、花姿清爽，是观花、观姿皆佳的植物。

园林应用

栽培容易，生长迅速，花姿清雅，花期长，为园林绿化不可多得的优良树种，适合池畔、花廊、棚架栽培，也可盆栽欣赏。

铺地锦竹草

别名: 翠玲珑、洋竹草
科属名: 鸭跖草科锦竹草属
学名: *Callisia repens*

铺地锦竹草枝叶特写

形态特征

常绿蔓性草本。匍匐地面或悬垂生长，茎可长至 50cm 以上。叶长卵形、阔卵形或心形，薄肉质状，叶面有蜡质，暗绿色，偶有紫色斑点，叶缘及叶鞘、茎蔓带紫色。成年植株可开花，由小型合瓣花数朵组成聚伞花序，花冠淡白。浆果，初为绿色，随着成熟逐渐转为黑色。花期全年，果期也为全年。

适应地区

我国南方部分地区有栽培。

生物特性

喜半阴或疏阴的光照环境，对阴蔽的耐受能力很强，在强光下也能生长。喜空气湿度较高和湿润的土壤环境，对干旱有一定耐受性。喜温暖和温度稍高的气候，最佳生育温度为 20~28℃。

繁殖栽培

主要以扦插法为主，春至秋季为适期。剪取长 6~10cm 的茎段，扦插于疏松的壤土中，接受日照 50%~70% 的情况下，保持湿度，经 2~3 周即可发根。栽培土质以富含有机质的腐叶土或砂质壤土为宜，排水需良好。栽培处需稍阴蔽，接受日照 50%~70%，生长发育最理想。开花后枝条极易老化枯萎死亡，因此若见开花，应立即摘花或在花后实施强剪，剪除地上茎叶，再补充水肥，促其新生。冬季需在温暖避风处过冬。

景观特征

株形可爱，由于翠绿的叶片小巧玲珑，因而又得名“翠玲珑”。生长快速，如果悬空配植，茎就垂直向下生长，犹如瀑布一般，像是绿色的窗帘，因而还有“绿帘”的美名。待其生长茂盛之时，整株观之给人以秀气逼人、满目青翠之感。

铺地锦竹草景观

园林应用

是一种较为优良的垂直绿化材料。可用于庭院、私家花园中的矮墙、篱栅美化，或用于公园、游园等处中的柱体、花阁、花架装点，还可用于家居、阳台或屋顶绿化。

* 其他藤蔓植物简介 *

中文名	别名	学名	科名	形态特征	生物特征	园林应用	适应地区
菝葜	金刚刺、土茯苓	*Smilax china*	百合科	落叶攀援状灌木。茎细长坚硬，疏生倒刺。叶卵圆形，互生，新叶常带紫红色；叶柄两侧有红色卷须，下部呈鞘状。腋生伞形花序绿黄色。浆果球形，成熟时红色	多生于疏阴环境。喜光，但忌强光直射。较耐瘠薄，喜温暖、湿润的环境，较耐寒冷，可耐短暂高温	适合长江以南各种形式的墙垣、篱笆、棚架及山石、水泥建筑物造景，也可悬垂种植于屋顶、阳台	主要分布于我国长江以南地区，现广泛栽培
嘉兰	嘉兰百合、火焰百合、蔓生百合	*Gloriosa superba*	百合科	蔓生草本。有块茎。叶卵状披针形，先端渐尖，形成卷须状。花着生于茎的先端，花被片 6 片，红色有黄边，边缘呈皱波状，向上反卷	喜温暖，不耐寒，在无霜地区可露地栽植。喜阳光，但夏季不耐强光直射	花大色艳，花形奇特，为优良的攀援植物。可种植于阳台、棚架、亭柱、花廊等处	原产于中国南部及亚洲、非洲热带地区
日本活血丹	金钱薄荷	*Glechoma grandis*	唇形科	多年生藤蔓性草本，有香味。茎枝 4 棱，红褐色。叶纸质对生，心状肾形至圆形，叶缘钝圆齿状，无托叶。轮伞花序腋生，花冠唇形，淡紫红色。果实由 4 个小坚果组成	性耐寒，耐半阴。喜温暖、通风、阴湿的环境。易在节下生根，在疏松、肥沃、排水好的土壤中生长良好	适合小栅栏、篱笆等绿化，可垂吊种植于阳台、花槽、居室窗台，或作屋顶绿化	主要分布在我国江苏、浙江、台湾等地。长江流域及西南、华南地区可露地栽培
活血丹	金钱草、佛耳草	*G. longituba*	唇形科	多年生匍匐性草本。嫩茎部分被疏长柔毛。叶心形或近肾形，茎下部叶较小。聚伞花序，花少，花萼筒状，花冠淡蓝色至紫色。小坚果矩圆状卵形	适应性强，性耐寒、耐半阴。喜温暖、通风、阴湿的气候。在疏松、肥沃、排水好的土壤中生长良好	叶片翠绿心形，茎上升或匍匐，地栽可攀附于篱栅、墙垣	除西北地区及内蒙古外，全国各地均可种植
大雪藤	红藤、血藤	*Sargentodoxa cuneata*	大雪藤科	落叶攀援灌木。茎褐色，光滑无毛。三出复叶，互生，无托叶；顶生小叶菱状倒卵形，全缘；两侧小叶斜卵形，全缘。总状花序腋生，有木质苞片，花黄色，有香气。聚合果肉质	喜光，也耐阴，在温暖、湿润的环境和肥沃、疏松的酸性壤土中生长良好。适应性较强	可做棚架、花廊、柱形物体、篱垣的绿化、美化材料，也可做风景林林间的岩石、叠石的配置材料	分布于河南、安徽、江苏、浙江、江西、湖南、湖北、四川、广西、云南等省区
海刀豆	肥猪豆、滨刀豆	*Canavalia maritima*	蝶形花科	草质藤本。茎无毛。三出复叶互生，托叶小，小叶倒卵形。总状花序，花萼钟形，花冠粉红色，旗瓣圆形，翼瓣镰刀状长椭圆形，龙骨瓣钝。荚果具短的果柄及子房柄	喜高温，耐旱、耐寒、耐潮、耐盐碱，较耐阴	适合做栅栏、绿篱，还可做地被	分布于广东，广泛分布于热带海岸

*** 续表 ***

中文名	别名	学名	科名	形态特征	生物特征	园林应用	适应地区
盍藤子	眼镜豆、牛眼镜、过江龙	*Entada phaseoloides*	蝶形花科	常绿木质藤本，长可达10m。茎无毛。2回羽状复叶，小叶2~4对，长椭圆形，革质。穗状花序单生或集成圆锥花序，花小，淡黄色，微香。扁平荚果，成熟时逐节脱落	喜热，不耐寒，喜温暖、湿润的气候。疏松、肥沃、排水好的土壤最佳	可用于棚架、墙垣、绿篱等	产于中国华南、西南地区和台湾等地，喜马拉雅低海拔地区也有分布
毛鱼藤	毒鱼藤	*Derris elliptica*	蝶形花科	木质常绿藤本。茎较纤细，光滑无毛。羽状复叶具9~13小叶，叶革质无毛。总状花序，花红色或近白色。荚果长圆形	喜温暖、湿润气候，耐瘠薄，略耐阴	适宜做棚架、绿篱，可绕树干而上形成美丽景观	我国海南、广东、广西、云南有栽培
金链豆	金满园	*Laburnum anagyroides*	蝶形花科	观花木质藤本。树冠开展。叶对生，卵状椭圆形，背面被白色柔毛。圆锥花序顶生，下垂，花色橙黄如金。花期5月	适应性强，喜光，也耐半阴。抗病虫能力强。耐寒、耐污染、耐盐碱、耐瘠薄	适宜景观长廊的绿化，也可以点缀在草坪或石旁作单独观赏	我国广泛栽培，适于华北地区至长江流域
香花崖豆藤	山鸡血藤、香花峰豆藤	*Millettia dielsiana*	蝶形花科	常绿木质藤本。1回奇数羽状复叶，小叶5片，网脉明显，叶背面、叶柄、小枝及花果均被棕色柔毛。圆锥花序顶生。花期5~9月，果期6~11月	喜光照，稍耐阴。耐贫瘠，耐干旱，喜湿润的土壤环境。喜温暖，怕寒冷	可用于花架、石缘、栅栏的攀援绿化	产于长江以南地区及甘肃、陕西
鸡血藤	白骨藤、老荆藤、血藤	*M. reticulata*	蝶形花科	常绿缠绕藤本。枝叶无毛。茎右旋生长。奇数羽状复叶，互生；小叶7~9片，长椭圆形或长椭圆状披针形，全缘。圆锥花序顶生，下垂；花紫色或玫瑰红色，具芳香。荚果条形	喜光照，稍耐阴。耐贫瘠，耐干旱，喜湿润的土壤环境。喜温暖，怕寒冷，越冬温度不宜低于10℃，可耐短期的0℃低温	适用于花架、花廊、大型假山、叠石、墙垣及岩石的攀援绿化。也可任其生长成灌状地被或作垂吊栽培	我国华南、华东及西南地区
红花油麻藤		*Mucuna benetii*	蝶形花科	常绿木质藤本。叶互生，小叶长圆形，先端尖，无毛。花腋生，花序梗下垂，长可达25cm，花冠蝶形，红色	喜温暖、湿润气候，耐高温，不耐寒。喜富含腐殖质的土壤	可用于绿篱、栅栏、阴棚、花架等	原产于新几内亚。现各国园林栽培

*** 续表 ***

中文名	别名	学名	科名	形态特征	生物特征	园林应用	适应地区
地瓜	凉薯、豆薯、沙葛	*Pachyrhizus erosus*	蝶形花科	多年生缠绕草本。作一年生栽培，块根肥大。茎长达5m。三出复叶，小叶菱形。总状花序腋生，花多数，紫堇色或白色。荚果条形	性强健，喜温暖，不耐寒，较耐干旱。不择土壤，在黏土、壤土中均能良好生长	做庭园绿篱或用于栅栏绿化，可植于假石山周围作蔓状生长，也是良好的地被植物	我国南方地区广泛栽培
崖爬藤	九子连、梅花五叶藤、走游草	*Tetrastigma obtectum*	葡萄科	常绿或半常绿木质藤本。小枝圆柱形，被柔毛。卷须有数个分枝，顶端有吸盘。掌状复叶有长柄；小叶通常5片，近无柄，菱状倒卵形，边缘有稀疏小锐锯齿，无毛。伞形花序，花小，黄绿色。果球形或倒卵形	喜温暖、湿润气候，喜阴，在较强的散射光下也能生长，有一定的耐旱能力	小巧玲珑，姿态秀丽，可用于墙垣、篱栏、山石、树干等的装饰性绿化，或用于室内庭园的垂直绿化	分布于云南、四川、贵州、湖北、湖南、江西、广东、广西、湖南等地
鹰爪	鹰爪兰、鹰爪花	*Artabotrys hexapetalus*	番荔枝科	常绿攀援灌木。单叶互生，长圆形或披针形，全缘，纸质平滑。花大，花瓣质厚，形如鹰爪，1~2朵生于钩状总梗上，下垂，淡绿色或淡黄色，香气浓郁。花后结出成串球状的浆质聚合果，纺锤形	喜光，也耐阴。喜温暖、湿润气候和疏松、肥沃、排水良好的土壤。喜高温，在华南地区可露地栽培，北方地区要在温室内度过寒冬。生育适温为20~30℃	用于庭院花架、花墙，也可与假山石配植。可在草坪一隅作为绿篱，或修剪成各种造型。花朵还可做插花材料	产于我国南方各省区
瓜馥木	小香藤、藤龙眼、降香藤	*Fissistigma oldhamii*	番荔枝科	攀援灌木。全株被褐色茸毛。叶披针状长椭圆形，先端钝，微凹，长约10cm。花单生或2朵着生于枝端叶腋。小浆果径约1.5cm，被褐色茸毛	喜温暖、湿润，较耐水湿，不耐寒，不耐旱	花香，常绿，用于花架、篱栏、墙垣绿化	分布于我国长江以南各省区
木防己	小葛藤、青藤、土木香、土防己、老鼠藤	*Cocculus orbiculatus*	防己科	草质或近木质缠绕藤本。幼枝密生柔毛。叶卵形或卵状长圆形，全缘或微波状，有时3裂，两面均有柔毛。聚伞状圆锥花序顶生；花淡黄色，花轴有毛。核果近球形，有白粉	适应性强，耐寒、耐旱。耐瘠薄，对土壤要求不严	用于篱栏、墙垣、廊柱绿化，或用于荒坡、瓦砾等场地做地被植物	我国除西北地区外，各省均有分布
波叶青牛胆	瘤茎藤	*Tinospora crispa*	防己科	半落叶蔓性藤本。幼茎黄绿色，老时转为绿褐色至暗褐色，茎节具瘤刺状凸起。单叶互生，具长柄，阔心形，深绿色，先端突尖，全缘	性强健，喜高温、高湿，冬季低温则呈半休眠状态。喜湿润、排水良好的壤土	适用于绿廊、栅栏绿化，或单独立柱绿化，让其绕柱而上，单独成景	产于中国、印度及东南亚各国

*** 续表 ***

中文名	别名	学名	科名	形态特征	生物特征	园林应用	适应地区
旱金莲	金莲花、旱荷、荷叶莲、大红雀	*Tropaeolum majus*	旱金莲科	多年生蔓性草本。茎肉质中空。单叶互生，具长叶柄，盾状圆形。花单生，花梗细长，自叶腋抽出，花萼基部联合成筒状，花色有乳白、黄、橙、红等	喜温暖、湿润、阳光充足的环境，不耐涝，不耐寒。喜肥沃、排水良好的土壤	可盆栽于阳台种植，常用于假山石隙、林缘、篱边	我国广泛栽培
海金沙	罗网藤、铁线藤	*Lygodium japonicum*	海金沙科	草质藤本。地下具匍匐茎，上有黑褐色节毛。叶二型，纸质；不育叶锐三角形，小羽片掌裂或 3 裂；能育叶卵状三角形，2 回羽状。孢子囊穗密生于羽片背面边缘，棕黄色	喜温暖、湿润、阳光充足，不耐寒冷和干旱，冬季温度不低于 10℃。要求富含腐殖质、排水良好的微酸性砂质土壤	做绿篱材料，最适于攀援小型竹质篱架和铁丝网。也可盆栽垂吊	广泛分布于我国暖温带及亚热带地区
绞股兰	七叶胆	*Gynostemma pentaphylla*	葫芦科	攀援性草质藤本。茎柔弱，节部疏生细毛，卷须大多分二杈。小叶卵状披针形，掌状互生，膜质有柄。花单性，雌雄异株。浆果球形，绿黑色，上半部有一条横纹。种子椭圆形，上有皱纹。花期 7~8 月	半阴生植物，喜欢短日照和有一定阴蔽度的环境。喜温暖、湿润的气候，不耐寒，不耐热	用于矮篱、墙边、林缘、栅栏绿化。也可用于岩石园和山水园，有“石满藤萝，凿痕全无”的意境	分布于我国陕西南部及长江以南各省区
蔓胡颓子	羊奶子、蒲颓子、半春子	*Elaeagnus glabra*	胡颓子科	常绿木质藤本。幼枝密被锈色鳞片。单叶互生，全缘，椭圆形至矩圆形。花小，腋生，银白色，下垂，漏斗状，具芳香。果实熟时红色。花期 4~11 月	喜光，也耐阴。耐贫瘠，较耐寒和耐干旱，也耐水湿	在长江流域以南地区可露地越冬，可用做绿篱、棚架，也可用来制作盆景	主要分布在我国华东、华南、华中、西南等地
蝙蝠葛		*Menispermum dauricum*	防己科	多年生缠绕性草本。茎蔓可长达数米；茎的分枝带绿色，幼枝先端稍有毛。叶互生，圆形或心状圆形，平滑无毛。花序圆锥状，腋生，花单性，黄绿色。核果黑色，有光泽	喜阴湿、温暖的环境，较耐寒。在排水良好的壤土中生长良好	可用于庭院花架、花墙，也可与假山石配置	分布于我国东北及华北地区
双轮瓜	毒斑瓜、狗屎瓜	*Diplocyclos palmatus*	葫芦科	攀援状草本。卷须 2 裂。叶掌状，3~7 裂。花小，淡黄色，具短柄；萼阔钟状，5 齿裂，花冠 5 深裂。浆果球形，不开裂	蔓性强，喜高温。全日照、半日照均可，日照强则结果多，稍阴蔽则叶色青翠	用于阴棚或篱墙、栅栏美化，可观叶，也可观果	我国海南、台湾和广西有产

*** 续表 ***

中文名	别名	学名	科名	形态特征	生物特征	园林应用	适应地区
油渣果	油瓜、猪油果、牛蹄果	*Hodgsonia macrocarpa*	葫芦科	常绿木质藤本。多分枝，具棱，有卷须。单叶互生，阔卵形至近圆形。花单性、雌雄异株，雄花为伞房状总状花序，雌花单生。果大，扁球形。种子如鸭蛋	半阴性植物，喜高温、潮湿的环境，可耐零度低温。土壤以微酸性至中性土为好	可用于棚架、绿篱、栅栏、花架等美化	我国云南、广东和广西南部
栝楼	瓜蒌、药瓜、杜瓜	*Trichosanthes kirilowii*	葫芦科	多年生草质藤本。茎卷须腋生，2~5 分杈。单叶互生，心形，通常 3~7 掌状分裂。雌雄异株；雄花成总状花序，雌花单生，花冠白色，边缘流苏状，有香气。瓠果圆球形，黄色	喜温暖、湿润、阳光充足的环境，也耐半阴，可耐 -10℃的低温。忌水涝和通风不良。耐贫瘠，对土壤要求不严	宜用于高棚大架或墙垣、壁隅攀援绿化，果可用于装饰室内	分布于我国北部至长江流域
金香藤		*Urechiteslutea*	夹竹桃科	常绿缠绕性蔓性藤本。茎缠绕性，具白色休液。叶对生，椭圆形，全缘，革质，明亮富光泽。花腋生，花冠漏斗形，上缘 5 裂，金黄色	喜高温，冬季需温暖、避风，10℃以下须预防寒害。栽培处日照、排水需良好	适于盆栽、攀篱或小花架美化。不适合大型阴棚	我国有栽培
翡翠珠	一串珠、绿铃、一串铃、绿串珠	*Senecio rowleyanus*	菊科	多年生多肉草本。茎极细，匍匐生长。叶圆球形，肉质，有微尖的刺状凸起，绿色，具有一条透明的纵纹。花白色	喜凉爽，忌高温，不耐寒，夏季休眠。喜光，忌强光直射。耐旱，忌水湿	可做盆栽，可垂吊，可装饰阳台或几架	我国南方地区有引种栽培
紫蝉花	紫花黄蝉	*Allamanda violacea*	夹竹桃科	常绿蔓性藤本。全株有白色汁液。叶 4 片轮生，长椭圆形或倒卵状披针形。花腋生，漏斗形，花冠 5 裂，暗桃红色或淡紫红色。春末至秋季开花	喜高温，不耐寒，较耐干旱。花期过后或早春应修剪整枝	适合大型盆栽、篱栏、小花棚美化，不宜用来做阴棚	我国华南地区有栽培
软枝黄蝉	黄莺	*A. cathartica*	夹竹桃科	攀援性常绿灌木。全株具白色有毒汁液。单叶 3~4 片轮生，披针形或倒卵形，全缘，仅叶脉有毛。聚伞花序顶生，花冠漏斗状，黄色，裂片卵形，覆瓦状排列。蒴果球形	喜温暖、湿润、阳光充足的环境。不耐寒，冬季应不低于 10℃	可盆栽，可依附绿篱、栅栏栽植，还可单独种植成景	我国华南地区和台湾等地有种植

*** 续表 ***

中文名	别名	学名	科名	形态特征	生物特征	园林应用	适应地区
三裂蟛蜞菊	美洲蟛蜞菊、穿地龙、地锦花	*Wedelia triloba*	菊科	多年生草本。全株有毛。茎呈咖啡色，匍匐蔓延，茎节处易生根。叶对生，裂开成3瓣裂叶，叶缘有缺刻。头状花序单生于叶腋，舌状花一轮，黄色	喜温暖、湿润及光照充足的环境，耐干旱、耐贫瘠，稍耐阴，不耐寒	可盆栽，用于悬垂栽培，也是重要的地被植物	我国南方地区均可栽培
缎花蔓	石竹喜阴花、绒叶喜阴花	*Episcia dianthiflora*	苦苣苔科	多年生常绿草本，匍匐茎绿色。叶对生，具长柄，近圆形，光滑，边缘有圆齿，淡绿色，叶脉红色。花白色，单生于叶腋，冠喉部有淡紫色小斑点	喜阴凉、湿润、通风良好的环境。极不耐寒，怕强光和高温。要求疏松、肥沃、排水良好的壤土	可悬挂栽培，适于居室几桌装饰	原产于墨西哥南部与巴西
蔓黄金菊	蔓千里光、火焰藤	*Senecio confusus*	菊科	多年生蔓性草本。叶互生，长卵形或阔卵形，先端尖，边缘具疏锯齿。花顶生或腋生，舌状花橙红色，筒状花橙黄色。花期秋末至冬季	性强健，耐旱、耐湿，抗高温。不拘土壤	用于做花廊、花架、绿篱均可，还可做地被	世界各国广泛栽培
光耀藤	椭叶斑鸠菊	*Vernonia elliptica*	菊科	常绿蔓性藤本。枝条悬垂状。叶互生，倒披针形或长椭圆形，全缘。花腋生，灰白色或淡红色	喜高温，生育适温为22~30℃。喜肥，喜光。以肥沃砂质、排水好的壤土最佳	枝条柔和优雅，适合绿篱、阴棚及悬垂绿化	原产于马来西亚、新加坡
星果藤	三星果藤、庚中藤、蔓性金虎尾	*Tristellateria australasiae*	金虎尾科	常绿蔓性藤本。茎有瘤状物。叶对生，长卵形或卵状椭圆形，先端尖，全缘。总状花序顶生，花冠5瓣，鲜黄色。翅果星形	性强健，耐风、耐碱，喜高温，生育适温为22~30℃。栽培地需排水良好、日照充足	适合滨海篱蔓绿化，还可用来做阴棚	原产于大洋洲及东南亚和我国台湾
胡姬蔓		*Stigmapyhllon littorale*	金虎尾科	常绿蔓性藤本。叶对生，长卵形，先端尖，全缘。花生于叶腋，花冠似风车形，5瓣，皱纹状，鲜黄色	喜高温，怕霜害，生育适温为20~30℃。耐阴，喜湿。喜腐殖质土壤	用于小型花架、篱笆、栅栏绿化，也可做大型盆栽	原产于美洲热带地区
黄鲸鱼花		*C. merkur*	苦苣苔科	宿根草本，茎悬垂状。单叶对生，长卵形，革质，全缘。花腋生，花冠管状，先端分裂，黄色，被细柔毛	喜高温、高湿，生长适温为18~28℃。耐阴，忌强光直射。喜腐殖质壤土	适合庭院较阴处及室内吊盆栽培	原产于中美洲

*** 续表 ***

中文名	别名	学名	科名	形态特征	生物特征	园林应用	适应地区
口红花	花蔓草、大红芒毛苣苔	*Aeschynanthus pulcher*	苦苣苔科	常绿蔓生草本。叶对生，卵形，全缘，中脉明显，叶面浓绿色。花腋生或顶生，花冠红色至红橙色，长约 6.5cm，花萼筒状，黑紫色被茸毛，待长至约 2cm 时，花冠超出萼口，筒状，鲜红色	喜明亮光照的半阴环境。较耐寒，但喜高温的环境，生长适温为 21~26℃。喜排水良好的土壤	适用于盆栽悬挂，为观叶、观花的优良品种	原产于东南亚及印度、马来西亚和南太平洋等亚洲热带地区
毛萼口红花	胭脂花	*A. radicans*	苦苣苔科	常绿藤本。茎下垂长达 1m。叶对生，叶片卵形、椭圆形或倒卵形，全缘，肉质有光泽。花成对生于枝顶端，具短花梗，花冠筒状，鲜红色，自花萼中伸出。花期主要在夏季	喜高温、阳光充足的环境。在白天室内温度保持 24℃以上，夜间温度 18~21℃。盆栽土壤应疏松、通气性好，并经常保持湿润	室内盆栽或垂悬栽植观赏	我国南方地区有栽培
华丽口红花	美丽口红花	*A. superba*	苦苣苔科	多年生常绿草本。枝条匍匐下垂。叶对生，卵状披针形，边缘有锯齿，顶端尖锐，具短柄。伞形花序生于茎顶或叶腋，小花管状，弯曲，红色，顶端裂片 5 枚呈齿状，柱头和花药常伸出花冠之外	喜温暖、潮湿的半阴环境，不耐寒，忌干燥和闷热，生长适温为 20~30℃	常做中型盆栽或吊盆植物，陈设于客厅、卧室、办公室等处的高几架或柜子上	原产于东南亚的爪哇等地
袋鼠花	金鱼花、河豚花	*Nematanthus glabra*	苦苣苔科	多年生常绿草本，高 40~120cm。枝叶丛生状。叶披针状条形，革质，浓绿有光泽，叶片排列整齐紧凑。花腋生，花色橘黄，花形奇特，中部膨大，两端小，前有一个小的开口	喜温暖，不耐热、不耐寒。较耐阴，忌强光直射	用于中小型盆栽或室内悬吊、走廊绿化	原产于巴西
翠玉藤	聚钱藤、孟加拉眼树莲	*Dischidia benghalense*	萝藦科	肉质草本。茎悬垂性或攀援性。叶对生，长椭圆形，肥厚、多汁，长 3~5cm，青绿色	喜高温，不耐寒，生长适温为 22~32℃。极耐旱、耐热，不可长期潮湿。喜疏松、排水好的基质	可盆栽做吊盆，或点缀假山石壁及攀援树干	原产于亚洲南部
纽扣玉藤	圆叶眼树莲	*D. nummularia*	萝藦科	草质藤本，绿色。叶银绿色，肥厚多肉，对生，椭圆形或阔卵形，先端突尖，叶片大小、形状几近相同，形态酷似纽扣	喜高温，耐旱、耐热又耐阴	可盆栽垂吊，或种植于假山岩壁观赏，也可附植大树干	原产于中国及东南亚

续表

中文名	别名	学名	科名	形态特征	生物特征	园林应用	适应地区
球兰	腊兰、腊花、腊泉花	*H. carnosa*	萝藦科	多年生常绿藤本。茎肉质，节上有气生根。叶对生，卵形或卵状长圆形，全缘。聚伞花序腋生，花密集成球状，花白色	喜高温、高湿、半阴的环境，适宜多光照和稍干土壤	适于攀附与吊挂栽培。可攀援树干、墙壁、绿篱等，也可盆栽观叶	我国福建、云南、广东、广西、海南、台湾等地有分布
花叶球兰	斑叶球兰	*Hoya carnosa* var. *marmorata*	萝藦科	多年生常绿藤本。节上有气生根。叶对生，卵状矩圆形，其叶缘上有乳黄和乳白色斑块，嫩叶还会呈现粉红、黄白等色彩	喜温暖，耐干燥，适宜生长在无酷暑、无严寒的环境，喜阳光，但忌烈日曝晒，适生温度为20~25℃，冬季不宜低于7℃	可盆栽，可垂吊种养，还可栽植用做各种动植物造型	适应热带和南亚热带地区
心叶球兰	凹叶球兰	*H. kerrii*	萝藦科	草质藤本。叶对生，倒卵形或倒心形，顶端凹缺。其他同球兰	喜高温、高湿、半阴的环境，适宜多光照和稍干土壤	可盆栽，可垂吊种养，可攀附栽培	我国广东有栽培
长叶球兰		*H. longifolia*	萝藦科	草质藤本。叶对生，披针状长椭圆形，厚肉质。伞形花序腋生，花紫红色	生长缓慢，耐旱、耐阴。以排水良好、腐殖质丰富的壤土为佳	适合盆栽垂吊观赏或攀援树桩成景	原产于喜马拉雅和东南亚
卷叶球兰		*H. revolulilis*	萝藦科	草质藤本。节间有气生根，能附着他物生长。叶对生，厚肉质，叶卷曲，有斑纹。伞形花序，小花簇生，有芳香	生长缓慢，喜高温、高湿、半阴的环境，适宜多光照和稍干土壤	适合吊盆栽培	原产于热带或亚洲亚热带地区
绒包藤	糊木	*Congea velutina*	马鞭草科	常绿蔓性灌木。叶对生，椭圆形，先端尖，全缘，侧脉明显，下陷。苞叶4片，粉紫红色，小花粉白色，不显眼，夏至秋季开花	喜高温，忌寒流，冬季寒流袭击会有落叶现象，应温暖、避风，生育适温为22~30℃	花期持久，花姿轻逸，适合花廊、花架、阴棚绿化	原产于东南亚

*** 续表 ***

中文名	别名	学名	科名	形态特征	生物特征	园林应用	适应地区
蓝花藤	紫霞藤	*Petrea volubilis*	马鞭草科	常绿蔓性灌木。叶面粗糙、纸质，叶对生，椭圆形，先端突尖。花冠深紫色，5 瓣星状花萼，淡紫色。夏至秋季开花	喜高温，忌寒流，冬季寒流袭击会有落叶现象，应温暖、避风，生育适温为 22~30℃。不耐涝、忌水湿	适合装饰花廊、拱门、花架或阴棚	原产于中美洲和西印度群岛
菲律宾石梓		*Gmelina philippensis*	马鞭草科	常绿藤本或蔓灌木。单叶对生，全缘或叶端 3 浅裂，薄革质，叶脉被毛。总状花序顶生，悬垂性，花冠 2 唇形，苞片叶状褐紫色；小花外部被毛，上部特别阔大，下部狭细管状，冠端 4 裂	喜高温，生育适温为 22~30℃，不耐霜害	装饰花架、绿廊、阴棚或依附墙角生长	原产于印度、菲律宾、泰国
马缨丹	五色梅、山大丹、如意花、臭草	*Lantana camara*	马鞭草科	多年生蔓性灌木。茎 4 棱。叶对生，具臭味，卵形或卵状椭圆形，边缘有小锯齿，两面有毛。头状花序，稠密。花色变化大，有黄、橙黄、红、粉红等色	适应性强，喜光，喜温暖、湿润气候，不耐寒。耐干旱、瘠薄，喜疏松、肥沃的土壤	可植于栅栏、围墙旁边或陡坡上做花篱。还可制作树桩盆景	我国南方地区广泛栽培，并已逸为野生
蔓马缨丹	小叶马缨丹	*L. montevidens*	马鞭草科	蔓性灌木。枝下垂，被柔毛。叶卵形，对生，边缘有粗齿。头状花序腋生或顶生，具长总花梗；花淡紫红色；苞片阔卵形，长不超过花冠管的中部	喜高温，不耐寒。性强健，耐旱、耐贫瘠	适宜吊盆栽植，围栏美化	原产于南美洲，各热带地区均栽培供观赏
冬红	帽子花	*Holmskioldia sanguinea*	马鞭草科	常绿灌木。叶对生，卵形，先端渐尖，全缘或有锯齿，叶长 5~10cm，宽 2.5~5cm。花腋生，聚伞花序，萼膜质砖红色至橙红色，花冠呈弯曲筒状而微扁平，与萼同色。花期秋末至春末	喜温暖，较耐寒，冬季 5~10℃时可依旧开花。耐干旱，耐瘠薄	用于孤植或装饰园林小径、坡墙和围篱、花廊、花架等	适合我国热带和南亚热带地区栽培
美丽马兜铃	烟斗花、棉布花	*Aristolochia elegans*	马兜铃科	多年生草质藤本。单叶互生，广心形，纸质，全缘，有长柄。花单生于叶腋，喇叭状，有深紫色斑点，整个花朵呈“S”形。蒴果长圆柱形	喜光，稍耐阴。喜温暖、潮湿，较耐寒	可布置花廊、花坛，用于篱笆绿化，也可盆栽装饰阳台	我国黄河流域以南地区及长江流域有分布

＊续表＊

中文名	别名	学名	科名	形态特征	生物特征	园林应用	适应地区
买麻藤	倪藤	*Gnetum montanum*	买麻藤科	常绿本质藤本。茎长达10m以上，节膨大呈关节状。单叶对生，长圆形，革质，全缘。球花单性异株，雄球花顶生或腋生，雌球花轮生于节上。种子核果状	喜炎热、潮湿气候，喜阳光充足环境，较耐阴。不耐寒，较耐旱，但不可长期缺水	用于凉棚、栅栏、篱笆等作攀援绿化。还可用于墙垣、平房等垂吊绿化	分布于广东、广西、福建和云南
木通	五叶木通、八月瓜、八月炸	*Akebia quinata*	木通科	落叶木质藤本。枝蔓长达10m。掌状复叶；小叶5片，倒卵形，全缘。总状花序腋生；雌雄异花同株，在同一花序上顶部为淡紫色雄花，下部为深紫色雌花，具香气	喜温暖，较耐寒，喜日光充足的环境，稍耐阴。要求中性或微酸性的土壤	用于花架、栅栏、围墙、树干、灯柱等物体的攀附或缠绕，可点缀于岩石、假山、叠石之间。可盆栽垂吊	分布于长江流域、华南及东南沿海地区，河南、陕西部分地区也有种植
三叶木通	八月炸、三叶拿绳	*Akebia trifoliata*	木通科	落叶攀援灌木。三出复叶，对生；小叶卵圆形，叶缘浅裂或呈波状。花单性，雌雄同株，雄花生于上部，雌花位于下部，成总状花序，腋生，雌花花冠紫红色	耐阴湿，较耐寒。在微酸、多腐殖质的黄壤中生长良好，也能适应中性土壤	配植于阴木下、岩石间或叠石洞壑之旁，野趣盎然	我国华北、西北地区及长江流域各地广泛分布
五叶瓜藤	紫花牛姆瓜	*Holboellia fargesii*	木通科	常绿藤本。掌状复叶，小叶5~7片，革质，倒卵状披针形，背面灰白色。花单性同株，雄花浅绿色，雌花紫色。果肉质，圆形，成熟时紫色	喜温暖、湿润，耐阴、耐干旱、耐贫瘠，不耐寒	适用于花架、绿廊、篱栏绿化以及山石、坡坎垂吊	分布于我国华南、西南、华中等地
野木瓜	七叶莲、假荔枝	*Stauntonia chinensis*	木通科	常绿藤本。掌状复叶互生，小叶革质，全缘，长椭圆形或倒卵形。花单性异株，雄花集成总状花序，雌花常单生。果实浆果状，球形	喜冬季温和、夏季湿热的亚热带、热带气候。较耐阴，喜土层深厚	可用于花架、绿廊、栅栏、围墙等攀援绿化	分布于我国华东、华南、华中等地
鹰爪枫	紫果藤、大叶青藤	*Holboellia coriacea*	木通科	常绿藤本，长5m以上。全体光滑无毛，幼枝细柔，紫色。复叶互生，小叶革质，全缘，形似鹰爪。花单性，雌雄同株4月开花。浆果矩圆形，肉质，9月成熟，紫红色	喜温暖、湿润气候，耐阴，不甚耐寒。耐干旱、瘠薄，喜腐殖质丰富的酸性土	可用于花架、绿廊、栅栏、围墙等攀援绿化	分布于我国华东、华南、西南、华中地区。适宜华北以南地区立体绿化

*** 续表 ***

中文名	别名	学名	科名	形态特征	生物特征	园林应用	适应地区
串果藤	串藤	*Sinofranchetia chinensis*	木通科	落叶木质大藤本。三出复叶，小叶全缘。雌雄同株或异株。总状花序腋生，下垂，花瓣白色，有紫色条纹。浆果长圆形、蓝色，串状悬垂	适应性强，喜温暖、凉爽的气候，喜光，耐阴，耐寒，耐湿	可用于栅栏、凉亭、绿廊、棚架绿化	分布于云南、四川、湖北、甘肃、陕西等地
蛇莓	蛇泡草、三匹风、龙吐珠、三爪龙	*Duchesnea indica*	蔷薇科	多年生草本。全株有白色柔毛。茎细长，匍匐状。三出复叶互生，小叶菱状卵形，单生于叶腋。聚合果成熟时红色。花期4~5月，果期5~6月	性耐寒，喜生于阴湿的环境。不择土壤，但在富含腐殖质、排水良好的土壤上生长良好	园林中常于半阴环境用吊盆披垂绿化，也用于林缘、假山、岩石园栽植	分布于华中、华东、华南地区及辽宁、河北、云南、贵州等地
悬星花	巴西蔓茄、星茄	*Solanum seaforthianum*	茄科	常绿藤本。单叶互生，椭圆状长卵形，纸质。圆锥花序腋出，星形花冠，蓝紫色。浆果球形，成熟时为鲜红色	生育适温为22~30℃，不耐寒，冬季需要温暖、避风	姿态优美，色泽清新，适用于装饰花架、拱门、棚架、篱墙，做地被植物或吊盆	分布于美洲热带、佛罗里达洲南部和巴西
蔓榕	瓜子蔓榕	*Ficus vaccinioides*	桑科	常绿小藤本。全株平滑。叶互生，厚纸质，隐头花序单立。隐头果无梗，近于球形，熟时呈红色	稍耐阴蔽，对水分的要求较高，在肥沃、湿润的土壤环境中生长良好	叶细密，分枝繁多，能成片生长，不论是陡坡、石壁，都能牢牢攀附，是优良的绿化材料	为我国台湾地区特有种
覆盆子	绒毛悬钩子	*Rubus idaeus*	蔷薇科	落叶灌木。小枝黄褐色，具稀疏细刺。奇数羽状复叶。花数朵成短总状或短伞房状花序，白色。聚合果近球形，密被短柔毛。花期5~6月，果期8~9月	较耐阴蔽、水分充足的环境。在腐殖质的土壤中生长良好	株形美观，枝繁叶茂，适用于篱墙、棚架或配植于假山、岩石等处	分布于黑龙江、吉林、河北、山西、新疆等省区
倒地铃	风船葛、假苦瓜、灯笼朴、白花仔草	*Cardiospermum halicabum*	无患子科	草本植物。茎细长，分枝很多，叶有柄，互生，2回三出复叶，小叶具有锐锯齿。花腋生，聚伞花序，白色。蒴果倒卵形，三棱角，顶端平截，膨胀如气囊	喜阳光，要求土壤疏松、肥沃。喜温暖环境，不耐寒	果实形状奇特，极像气球，可用于蔓篱、围栏、阴廊绿化	原产于热带地区。分布于平野、山边、路旁、墙角等地

*** 续表 ***

中文名	别名	学名	科名	形态特征	生物特征	园林应用	适应地区
冠盖藤	青棉花、花藤、猴头藤	*Pileostegia viburnoides*	绣球花科	灌木。叶对生，革质，倒卵状长椭圆形。伞房状圆锥花序不具中性花；花瓣 5 枚，白色。蒴果半球形。花期 8~9 月，果期 10~11 月	喜温暖、湿润气候、较耐阴，在南方省区较阴而湿度很高的环境中生长良好	四季常绿，藤长叶大，生长茂盛。适合于花架、篱垣、盆栽等	分布于长江以南各省区
钻地枫	小齿钻地风	*Schizophragma integrifolia*	绣球花科	叶对生，厚纸质，卵状椭圆形。伞房花序顶生，不孕花具 1 枚萼片，椭圆形至阔披针形，乳白色。花期 6~7 月，果期 10 月	喜阳，耐半阴。要求湿润、凉爽的环境。喜富含腐殖质的酸性黄壤	是优良的棚架、花架、花廊、山石装饰的垂直绿化材料	分布于浙江、安徽、四川、湖北、湖南和广东等省区
单色蝴蝶草	倒地蜈蚣、钉地蜈蚣、蜈蚣草	*Torenia concolor*	玄参科	多年生匍匐性草本植物。叶对生，卵形至三角状，粗锯齿缘。花冠呈二唇形，紫蓝色或蓝紫色，下唇 3 裂，花多单一腋生	喜阳光，喜温暖、高湿，生长适温为 15~28℃。在富含有机质的腐叶土、排水良好的环境中生长旺盛	枝蔓柔弱，开蓝紫色小花，适用用于假山、乱石的装饰或阳台上披垂	分布于我国华南地区及台湾
绒毛白鹤藤	美丽银背藤	*Argyreia nervosa*	旋花科	木质藤本，高达10m。密被白色或黄色茸毛。叶卵形至心形。聚伞花序花密集近头状，花冠漏斗状。果球状，不开裂	喜温度较高及湿润的环境，对寒冷的耐受性不强	花大而美丽的观赏植物，可用于棚架、篱垣及廊道的绿化	我国产于广东及沿海岛屿
月光花	裂叶月光花	*Calonyction aculeatum*	旋花科	草质缠绕大藤本，长可达10m，有乳汁。叶互生，卵状心形。聚伞花序腋生，花冠高脚碟状，白色。蒴果卵形	喜高温的环境，不耐寒。不择土壤，但在肥沃、疏松的土壤中生长良好	花朵喇叭形，色白如雪，适用于栏杆、篱栅、墙面的装点	我国庭院常栽培
马鞍藤	鲎藤、厚藤	*Ipomoea pescaprae*	旋花科	多年生蔓性草质藤本。茎极长而匍匐地面。叶互生，厚革质，形如马鞍。多歧聚伞花序腋生，花冠紫色或深红色。蒴果球形	有耐风、耐盐和耐干旱的能力，通常生长在海滨沙滩、堤坡上	花特别大，特别显著，特别艳丽，有“海滨花后”之称，可用于堤岸、墙体和山石的美化	分布于全世界热带、亚热带海岸，为世界性的海边植物

中文名索引

参考文献

[1] 赵家荣，秦八一．水生观赏植物［M］．北京：化学工业出版社，2003．

[2] 赵家荣．水生花卉［M］．北京：中国林业出版社，2002．

[3] 陈俊愉，程绪珂．中国花经［M］．上海：上海文化出版社，1990．

[4] 李尚志，等．现代水生花卉［M］．广州：广东科学技术出版社，2003．

[5] 李尚志．观赏水草［M］．北京：中国林业出版社，2002．

[6] 余树勋，吴应祥．花卉词典［M］．北京：中国农业出版社，1996．

[7] 刘少宗．园林植物造景：习见园林植物［M］．天津：天津大学出版社，2003．

[8] 卢圣，侯芳梅．风景园林观赏园艺系列丛书——植物造景［M］．北京：气象出版社，2004．

[9] 简·古蒂埃．室内观赏植物图典［M］．福州：福建科学技术出版社，2002．

[10] 王明荣．中国北方园林树木［M］．上海：上海文化出版社，2004．

[11] 克里斯托弗·布里克尔．世界园林植物与花卉百科全书［M］．郑州：河南科学技术出版社，2005．

[12] 刘建秀．草坪·地被植物·观赏草［M］．南京：东南大学出版社，2001．

[13] 韦三立．芳香花卉［M］．北京：中国农业出版社，2004．

[14] 孙可群，张应麟，龙雅宜，等．花卉及观赏树木栽培手册［M］．北京：中国林业出版社，1985．

[15] 王意成，王翔，姚欣梅．药用·食用·香用花卉［M］．南京：江苏科学技术出版社，2002．

[16] 金波．常用花卉图谱［M］．北京：中国农业出版社，1998．

[17] 熊济华，唐岱．藤蔓花卉［M］．北京：中国林业出版社，2000．

[18] 韦三立．攀援花卉［M］．北京：中国农业出版社，2004．

[19] 臧德奎．攀援植物造景艺术［M］．北京：中国林业出版社，2002．